中华人民共和国行业标准

公路沥青路面再生技术规范

Technical Specifications for Highway Asphalt Pavement Recycling

JTG F41—2008

主编单位:交通部公路科学研究院
批准部门:中华人民共和国交通运输部
实施日期:2008 年 07 月 01 日

人民交通出版社

图书在版编目（CIP）数据

公路沥青路面再生技术规范:JTG F41—2008/交通部
公路科学研究院主编.--北京:人民交通出版社,2008.4
ISBN 978 - 7 - 114 - 07105 - 8

I. 公... II. 交... III. 再生资源 – 应用 – 沥青路面 – 道
路工程 – 规范 – 中国 IV. U416.217 – 65

中国版本图书馆 CIP 数据核字(2008)第 053264 号

中华人民共和国行业标准
公路沥青路面再生技术规范
JTG F41—2008
交通部公路科学研究院 主编
人民交通出版社出版发行
（100011 北京市朝阳区安定门外外馆斜街 3 号）
各地新华书店经销
北京市密东印刷有限公司印刷
开本：880×1230 1/16 印张：5.75 字数：114 千
2008 年 5 月 第 1 版
2019 年 1 月 第 10 次印刷
定价：40.00 元
ISBN 978-7-114- 07105- 8

中华人民共和国交通运输部
公 告

2008 年第 1 号

关于公布《公路沥青路面再生技术规范》
（JTG F41—2008）的公告

现公布《公路沥青路面再生技术规范》（JTG F41—2008），作为公路工程行业标准，自 2008 年 7 月 1 日起施行。

该规范的管理权和解释权归交通运输部，日常管理工作由主编单位交通部公路科学研究院负责。请各有关单位在实践中注意总结经验，若有修改意见请函告交通部公路科学研究院（地址：北京市海淀区西土城路 8 号，邮政编码：100088），以便修订。

特此公告。

中华人民共和国交通运输部
二〇〇八年四月一日

主题词：公路　规范　公告

交通运输部办公厅 2008 年 4 月 8 日印发

前　言

　　沥青路面在使用一定时间后,其整体性能将不能满足路用要求,但作为路用材料仍有很高的利用价值。通过路面再生,可以使其重新满足路用性能要求,既可节省大量材料资源和资金,也可避免环境污染,实现循环经济发展模式和可持续发展。

　　发达国家沥青路面再生利用率很高,我国在 20 世纪 80 年代曾经不同程度地利用过旧沥青混合料修路,但一般只用于轻交通路面、路面垫层和非机动车道等。近年来,为适应建设资源节约型、环境友好型社会的要求,沥青路面再生技术在我国公路建设和养护中逐步推广应用。

　　为进一步规范沥青路面再生应用技术,保证沥青路面再生工程质量,交通部下达了《公路沥青路面再生技术规范》的编制任务(交公路发[2006]439 号),由交通部公路科学研究院担任主编单位,具体负责本规范的编制工作。

　　本规范是在借鉴和总结国内外相关应用经验和研究成果的基础上编写而成,分 9 章、6 个附录。主要内容包括:再生混合料用材料技术要求,旧沥青路面材料的回收处理及试验要求,再生混合料设计及技术要求,各种再生方法的施工工艺及质量控制、验收标准,相关试验方法等等。

　　请各单位在使用过程中注意总结经验,及时将对本规范的意见及建议函告交通部公路科学研究院(地址:北京市海淀区西土城路 8 号,邮编:100088,电话:010-62079525,电子邮件:j. xu@ rioh. cn),以便修订时研用。

　　主 编 单 位:交通部公路科学研究院
　　参 编 单 位:华北高速公路股份有限公司
　　　　　　　　华南理工大学
　　　　　　　　江苏省交通科学研究院
　　　　　　　　长安大学
　　　　　　　　北京路桥中咨科技有限公司
　　主要起草人:黄颂昌　徐　剑　董平如　邹桂莲　符冠华　沈国平　王绍怀
　　　　　　　　曹荣吉　秦永春　刘明光　徐　伟　杜　骋　郝培文　贾　渝
　　　　　　　　李　峰　张占军

目　录

1 总 则

1.0.1 为规范沥青路面再生技术应用,提高沥青路面再生技术水平,保证沥青路面再生工程质量,制定本规范。

1.0.2 本规范适用于各等级公路沥青路面再生技术应用工程。

1.0.3 沥青路面再生利用包括:厂拌热再生、就地热再生、厂拌冷再生、就地冷再生4类技术,其中就地冷再生技术按照再生材料和厚度的不同分为沥青层就地冷再生、全深式就地冷再生两种方式。各类再生技术具有不同的适用范围,应用时应根据工程实际情况选择最适宜的再生技术种类。

1.0.4 沥青路面热再生采用道路石油沥青作为再生结合料,必要时掺加再生剂;沥青路面冷再生可根据需要选择乳化沥青、泡沫沥青、水泥等作为再生结合料。

1.0.5 采用沥青作为再生结合料的再生工程,宜在10℃以上气温条件下进行施工;采用水泥等作为再生结合料的再生工程,宜在5℃以上气温条件下进行施工。不得在雨天施工。

1.0.6 沥青路面再生应用,除应符合本规范的规定外,尚应符合国家、行业颁布的其他有关标准、规范的规定。

2 术语、符号

2.1 术语

2.1.1 回收沥青路面材料 reclaimed asphalt pavement（RAP）

采用铣刨、开挖等方式从沥青路面上获得的旧路面材料。

2.1.2 沥青路面再生 asphalt pavement recycling

采用专用机械设备对旧沥青路面或者回收沥青路面材料（RAP）进行处理，并掺加一定比例的新集料、新沥青、再生剂（必要时）等形成路面结构层的技术。按照再生混合料拌制和施工温度的不同，沥青路面再生可以分为热再生和冷再生；按照施工场合和工艺的不同，沥青路面再生可以分为厂拌再生和就地再生。

2.1.3 厂拌热再生 central plant hot recycling

将回收沥青路面材料（RAP）运至沥青拌和厂（场、站），经破碎、筛分，以一定的比例与新集料、新沥青、再生剂（必要时）等拌制成热拌再生混合料铺筑路面的技术。

2.1.4 就地热再生 hot in-place recycling

采用专用的就地热再生设备，对沥青路面进行加热、铣刨，就地掺入一定数量的新沥青、新沥青混合料、再生剂等，经热态拌和、摊铺、碾压等工序，一次性实现对表面一定深度范围内的旧沥青混凝土路面再生的技术。它可以分为复拌再生、加铺再生两种。

1 复拌再生（remixing）：将旧沥青路面加热、铣刨，就地掺加一定数量的再生剂、新沥青、新沥青混合料，经热态拌和、摊铺、压实成型。掺加的新沥青混合料比例一般控制在30%以内。

2 加铺再生（repaving）：将旧沥青路面加热、铣刨，就地掺加一定数量的新沥青混合料、再生剂，拌和形成再生混合料，利用再生复拌机的第一熨平板摊铺再生混合料，利用再生复拌机的第二熨平板同时将新沥青混合料摊铺于再生混合料之上，两层一起压实成型。

2.1.5 厂拌冷再生 central plant cold recycling

将回收沥青路面材料（RAP）运至拌和厂（场、站），经破碎、筛分，以一定的比例与新集料、沥青类再生结合料、活性填料（水泥、石灰等）、水进行常温拌和，常温铺筑形成路面结构层的沥青路面再生技术。

2.1.6 就地冷再生 cold in-place recycling

采用专用的就地冷再生设备,对沥青路面进行现场冷铣刨,破碎和筛分(必要时),掺入一定数量的新集料、再生结合料、活性填料(水泥、石灰等)、水,经过常温拌和、摊铺、碾压等工序,一次性实现旧沥青路面再生的技术,它包括沥青层就地冷再生和全深式就地冷再生两种方式。仅对沥青材料层进行的就地冷再生称为沥青层就地冷再生;再生层既包括沥青材料层又包括非沥青材料层的,称为全深式就地冷再生。

2.1.7 沥青再生剂 rejuvenating agent

掺加到再生混合料中,用于恢复已老化沥青性能的添加剂。

2.1.8 再生混合料 recycled mixture

含有回收沥青路面材料(RAP)的混合料。

2.1.9 回收沥青路面材料(RAP)级配 gradation of RAP

将烘干至恒重的回收沥青路面材料(RAP)进行筛分试验测得的级配。

2.1.10 回收沥青路面材料(RAP)矿料级配 gradation of aggregate in RAP

用抽提法或者燃烧法除去回收沥青路面材料(RAP)中的沥青材料得到的矿料级配。

2.1.11 再生混合料级配 gradation of recycled mixture

对于厂拌热再生和就地热再生,再生混合料级配即再生混合料的矿料级配,是指回收沥青路面材料(RAP)中的矿料与新矿料的合成级配;对于厂拌冷再生、就地冷再生,再生混合料级配与矿料级配不同,是指回收沥青路面材料(RAP)级配与新矿料的合成级配。

2.1.12 最佳含水率 optimum water content

冷再生混合料中水[包括乳化沥青或泡沫沥青中的水、外加水、矿料和回收沥青路面材料(RAP)中的水]占干固体[矿料、回收沥青路面材料(RAP)、水泥、石灰等]的质量百分比。

2.1.13 乳化沥青 emulsified asphalt

石油沥青与水在乳化剂、稳定剂等的作用下,经乳化加工制得的均匀沥青产品。

2.1.14 泡沫沥青 foamed asphalt

将热沥青和水在专用的发泡装置内混合、膨胀,形成的含有大量均匀分散气泡的沥青材料。

2.1.15 泡沫沥青膨胀率 maximum expansion ratio of foamed asphalt
泡沫沥青发泡状态下的最大体积与未发泡时沥青体积的比值。

2.1.16 泡沫沥青半衰期 half life of foamed asphalt
泡沫沥青从最大体积衰减到最大体积的50%所用的时间。

2.1.17 回收沥青路面材料(RAP)掺配比 percentage of RAP in recycled mixture
回收沥青路面材料(RAP)占再生混合料矿料总质量的百分比。

2.2 符号及代号

本规范各种符号、代号以及意义详见表2.2。

表2.2 符 号 及 代 号

编 号	符号或代号	意 义
2.2.1	RAP	回收沥青路面材料
2.2.2	PCI	路面状况指数
2.2.3	IRI	国际平整度指数
2.2.4	SSI	路面强度系数
2.2.5	RA	沥青再生剂
2.2.6	TSR	冻融劈裂强度比
2.2.7	η	沥青黏度(Pa·s)
2.2.8	OWC	冷再生混合料的最佳含水率
2.2.9	OEC	最佳乳化沥青用量
2.2.10	OAC	最佳泡沫沥青用量
2.2.11	W_{opt}	泡沫沥青的最佳发泡用水量
2.2.12	CBR	加州承载比

3 原路面调查及分析

3.1 一般规定

3.1.1 沥青路面再生工程实施前,应对原路面历史信息、原路面技术状况、交通量、工程经济等方面的内容进行调查和综合分析,为再生设计(再生方式的选择、再生混合料设计、再生工艺的确定等)提供依据。

3.1.2 原路面调查的内容应完整,并进行系统分析和准确评价。

3.2 原路面历史信息调查与分析

3.2.1 收集原路面设计资料、竣工资料等,一般包括原路面的结构、材料和路况等方面的资料。

3.2.2 收集原路面通车营运期间的养护资料和路面检测资料,并结合施工资料、竣工资料,分析病害成因。

3.3 原路面状况调查与评价

3.3.1 原路面状况调查内容一般包括:路面状况指数 PCI、国际平整度指数 IRI、路面强度系数 SSI、车辙深度、下承层的承载能力、原路面结构厚度。

3.3.2 对原路面材料进行取样,取样方法按照附录 A 进行。

3.3.3 通过对原路面状况的调查、原路面材料的取样和试验、路面病害成因分析,为再生设计提供依据。

3.4 交通量调查

3.4.1 进行交通量调查,为再生路面结构设计和材料设计提供依据。调查内容应包括:交通量大小、轴载情况等。

3.4.2 通过交通量调查,为再生工程的交通组织方案提供依据。如果交通量太大,应考虑在施工过程中采取车辆分流措施;无法分流车辆的,应有针对性地进行施工组织设计或综合比选其他路面养护维修方法。

3.5 技术经济性分析

3.5.1 对可能采用的不同路面维修方法,应进行综合技术经济对比分析,分析各种方法使用年限内的综合成本,包括路面维修成本、养护成本、路面残值等。

4　材料

4.1　一般规定

4.1.1　沥青路面再生混合料使用的各种材料运至现场后应进行质量检验,经评定合格后方可使用。

4.1.2　不同的回收沥青路面材料(RAP)应分开堆放,不得混杂,保证材料均匀一致;不同料源、品种、规格的新集料不得混杂堆放。

4.1.3　回收沥青路面材料(RAP)、新集料应堆放在预先经过硬化处理且排水通畅的地面上,多雨地区宜采用防雨棚遮盖。

4.2　道路石油沥青

4.2.1　再生混合料使用的道路石油沥青,以及制作乳化沥青、泡沫沥青使用的道路石油沥青应符合现行《公路沥青路面施工技术规范》(JTG F40)的规定。

4.2.2　沥青必须按照品种、标号分开存放,在储运、使用和存放过程中应采取良好的防水措施,避免雨水或者加热管道蒸汽进入沥青中。

4.3　乳化沥青

4.3.1　厂拌冷再生、就地冷再生使用的乳化沥青材料性能应满足表4.3.1的质量要求。

4.3.2　通常情况下,厂拌冷再生宜采用慢裂型乳化沥青,就地冷再生宜采用中裂型或者慢裂型乳化沥青。

4.3.3　乳化沥青应在常温下使用,使用温度不应高于60℃。

表 4.3.1 冷再生用乳化沥青质量要求

试 验 项 目		单位	质量要求	试验方法
破乳速度			慢裂或中裂	T 0658
粒子电荷			阳离子(+)	T 0653
筛上残留物(1.18mm 筛) 不大于		%	0.1	T 0652
黏度	恩格拉黏度 E_{25}		2~30	T 0622
	25℃赛波特黏度 V_s	s	7~100	T 0623
蒸发残留物	残留分含量 不小于	%	62	T 0651
	溶解度 不小于	%	97.5	T 0607
	针入度(25℃)	0.1mm	50~300	T 0604
	延度(15℃) 不小于	cm	40	T 0605
与粗集料的黏附性,裹覆面积 不小于			2/3	T 0654
与粗、细粒式集料拌和试验			均匀	T 0659
常温储存稳定性	1d 不大于	%	1	T 0655
	5d 不大于		5	

注:恩格拉黏度和赛波特黏度指标任选其一检测。

4.4 泡沫沥青

4.4.1 厂拌冷再生、就地冷再生使用的泡沫沥青,应满足表4.4.1 的要求。

表 4.4.1 泡沫沥青技术要求

项 目		技术要求	试验方法
膨胀率	不小于	10	本规范附录 E
半衰期(s)	不小于	8	本规范附录 E

4.5 沥青再生剂

4.5.1 沥青再生剂宜满足表4.5.1 的要求。

表 4.5.1 热拌沥青混合料再生剂质量要求

检验项目	RA-1	RA-5	RA-25	RA-75	RA-250	RA-500	试验方法
60℃黏度 cSt	50~175	176~900	901~4 500	4 501~12 500	12 501~37 500	37 501~60 000	T 0619
闪点(℃)	≥220	≥220	≥220	≥220	≥220	≥220	T 0633
饱和分含量(%)	≤30	≤30	≤30	≤30	≤30	≤30	T 0618
芳香分含量(%)	实测记录	实测记录	实测记录	实测记录	实测记录	实测记录	T 0618
薄膜烘箱试验前后黏度比	≤3	≤3	≤3	≤3	≤3	≤3	T 0619
薄膜烘箱试验前后质量变化(%)	≤4, ≥-4	≤4, ≥-4	≤3, ≥-3	≤3, ≥-3	≤3, ≥-3	≤3, ≥-3	T 0609 或 T 0610
15℃密度	实测记录	实测记录	实测记录	实测记录	实测记录	实测记录	T 0603

注:薄膜烘箱试验前后黏度比 = 试样薄膜烘箱试验后黏度/试样薄膜烘箱试验前黏度。

4.5.2　应根据回收沥青路面材料(RAP)中沥青老化程度、沥青含量、回收沥青路面材料(RAP)掺配比例、再生剂与沥青的配伍性,综合选择再生剂品种。

4.6　集料

4.6.1　粗细集料质量,应满足现行《公路沥青路面施工技术规范》(JTG F40)的要求。单一粗细集料质量不能满足要求,但集料混合料性能满足要求的,可以使用。

4.6.2　热再生混合料中新旧集料混合后的集料混合料质量,应满足现行《公路沥青路面施工技术规范》(JTG F40)的要求。

4.7　水泥、石灰、矿粉

4.7.1　水泥作为再生结合料或者活性添加剂时,可以采用普通硅酸盐水泥、矿渣硅酸盐水泥、火山灰硅酸盐水泥。水泥的初凝时间应在 3h 以上,终凝时间宜在 6h 以上,不应使用快硬水泥、早强水泥。水泥应疏松、干燥,无聚团、结块、受潮变质。水泥强度等级可为 32.5 或 42.5。

4.7.2　石灰作为再生结合料或者活性添加剂时,可以采用消石灰粉或者生石灰粉,石灰技术指标应符合现行《公路路面基层施工技术规范》的规定。石灰在野外堆放时间较长时,应覆盖防潮。

4.7.3　再生混合料中使用的填料的质量技术要求,应满足现行《公路沥青路面施工技术规范》(JTG F40)的要求。

4.8　水

4.8.1　制作乳化沥青、泡沫沥青用水,以及冷再生用水均应为可饮用水。使用非饮用水,应经试验验证,不影响产品和工程质量时方可使用。

4.9　回收沥青路面材料(RAP)

4.9.1　厂拌再生时,回收沥青路面材料(RAP)必须经过预处理后方可使用。回收沥青路面材料(RAP)的预处理方法见本规范第6.3节。

4.9.2　厂拌再生时经过预处理的回收沥青路面材料(RAP)以及就地再生时的回收沥青路面材料(RAP)样品,应按照表4.9.2-1、表4.9.2-2、表4.9.2-3的各项技术指标进行检测。

表4.9.2-1　热再生时 RAP 检测项目与质量要求

材　料	检测项目	技术要求	试 验 方 法
RAP	含水率	实测	本规范附录 A
	RAP 级配	实测	
	沥青含量	实测	
	砂当量(%)	>55	
RAP 中的沥青	针入度(0.1mm)	>20	抽提,《公路工程沥青及沥青混合料试验规程》(JTJ 052)
	60℃黏度	实测	
	软化点	实测	
	15℃延度	实测	
RAP 中的粗集料	针片状颗粒含量、压碎值	实测	抽提,《公路工程集料试验规程》(JTG E42)
RAP 中的细集料	棱角性	实测	

注:厂拌热再生 RAP 掺配比例小于20%时,RAP 中的沥青性能指标可不检测,RAP 中的粗集料可只检测针片状含量。

表4.9.2-2　厂拌冷再生和沥青层就地冷再生时 RAP 检测项目与质量要求

材　料	检测项目	技术要求	试 验 方 法
RAP	含水率	实测	本规范附录 A
	RAP 级配	实测	
	沥青含量	实测	
	砂当量(%)	>50	
RAP 中的沥青	针入度	实测	抽提,《公路工程沥青及沥青混合料试验规程》(JTJ 052)
	60℃黏度	实测	
	软化点	实测	
	15℃延度	实测	
RAP 中的粗集料	针片状颗粒含量、压碎值	实测	抽提,《公路工程集料试验规程》(JTG E42)
RAP 中的细集料	棱角性	实测	

注:冷再生层用于公路等级较低或者是所处层位较低时,RAP 中的沥青性能指标和粗细集料指标可有选择地检测。

表4.9.2-3　全深式就地冷再生时 RAP 检测项目与质量要求

材　料	检测项目	技术要求	试 验 方 法
RAP	含水率	实测	本规范附录 A
	RAP 级配	实测	
	沥青含量	实测	
	塑性指数	实测	《公路土工试验规程》(JTG E40)

5 再生混合料设计

5.1 一般规定

5.1.1 必须在对回收沥青路面材料（RAP）充分调查分析的基础上，根据工程要求、公路等级、使用层位、气候条件、交通情况，充分借鉴成功经验，选用符合要求的材料，进行再生混合料设计。

5.1.2 厂拌热再生和就地热再生，以回收沥青路面材料（RAP）中的矿料与新矿料的合成级配作为级配设计依据；厂拌冷再生、就地冷再生，以回收沥青路面材料（RAP）与新矿料的合成级配作为级配设计依据。

5.2 厂拌热再生混合料设计

5.2.1 厂拌热再生混合料设计，按照本规范附录 B 的设计方法进行。

5.2.2 厂拌热再生混合料矿料级配工程设计级配范围的确定，以及厂拌热再生混合料技术要求和性能检验，应符合现行《公路沥青路面施工技术规范》（JTG F40）对热拌沥青混合料的相关规定。

5.3 就地热再生混合料设计

5.3.1 就地热再生混合料设计，按照本规范附录 C 的设计方法进行。

5.3.2 就地热再生混合料矿料级配工程设计级配范围的确定，以及就地热再生混合料技术要求和性能检验，应符合现行《公路沥青路面施工技术规范》（JTG F40）对热拌沥青混合料的相关规定。

5.4 乳化沥青冷再生混合料设计

5.4.1 使用乳化沥青作为再生结合料的厂拌冷再生、就地冷再生，按照本规范附录 D 进行混合料设计。

5.4.2 乳化沥青冷再生混合料设计级配范围宜满足表5.4.2的要求。

表5.4.2 乳化沥青冷再生混合料工程设计级配范围

筛孔(mm)	各筛孔的通过率(%)			
	粗粒式	中粒式	细粒式 A	细粒式 B
37.5	100			
26.5	80 ~ 100	100		
19	—	90 ~ 100	100	
13.2	60 ~ 80	—	90 ~ 100	100
9.5	—	60 ~ 80	60 ~ 80	90 ~ 100
4.75	25 ~ 60	35 ~ 65	45 ~ 75	60 ~ 80
2.36	15 ~ 45	20 ~ 50	25 ~ 55	35 ~ 65
0.3	3 ~ 20	3 ~ 21	6 ~ 25	6 ~ 25
0.075	1 ~ 7	2 ~ 8	2 ~ 9	2 ~ 10

5.4.3 乳化沥青冷再生混合料设计指标应满足表5.4.3的要求。

表5.4.3 乳化沥青冷再生混合料设计技术要求

试 验 项 目			技 术 要 求
空隙率(%)			9 ~ 14
劈裂试验(15℃)	劈裂强度(MPa)	不小于	0.40(基层、底基层)、0.50(下面层)
	干湿劈裂强度比(%)	不小于	75
马歇尔稳定度试验 (40℃)	马歇尔稳定度(kN)	不小于	5.0(基层、底基层)、6.0(下面层)
	浸水马歇尔残留稳定度(%)	不小于	75
冻融劈裂强度比 TSR(%)		不小于	70

注:(1)任选劈裂试验和马歇尔稳定度试验之一作为设计要求,推荐使用劈裂试验。

(2)空隙率宜控制在12%以内。

5.4.4 乳化沥青冷再生混合料中,乳化沥青添加量折合成纯沥青后占混合料其余部分干质量的百分比一般为1.5% ~ 3.5%,水泥等活性填料剂量一般不超过1.5%。

5.5 泡沫沥青冷再生混合料设计

5.5.1 使用泡沫沥青作为再生结合料的厂拌冷再生、就地冷再生,按照本规范附录D进行混合料设计。

5.5.2 泡沫沥青冷再生混合料设计级配范围,宜满足表5.5.2的要求。

表 5.5.2 泡沫沥青冷再生混合料工程设计级配范围

筛 孔(mm)	各筛孔的通过率(%)		
	粗粒式	中粒式	细粒式
37.5	100		
26.5	85 ~ 100	100	
19	—	90 ~ 100	100
13.2	60 ~ 85	—	90 ~ 100
9.5	—	60 ~ 85	—
4.75	25 ~ 65	35 ~ 65	45 ~ 75
2.36	30 ~ 55	30 ~ 55	30 ~ 55
0.3	10 ~ 30	10 ~ 30	10 ~ 30
0.075	6 ~ 20	6 ~ 20	6 ~ 20

5.5.3 泡沫沥青冷再生混合料设计指标应满足表5.5.3的要求。

表 5.5.3 泡沫沥青冷再生混合料设计技术要求

试 验 项 目			技 术 要 求
劈裂试验(15℃)	劈裂强度(MPa)	不小于	0.40(基层、底基层)、0.50(下面层)
	干湿劈裂强度比(%)	不小于	75
马歇尔稳定度试验(40℃)	马歇尔稳定度(kN)	不小于	5.0(基层、底基层)、6.0(下面层)
	浸水马歇尔残留稳定度(%)	不小于	75
冻融劈裂强度比 TSR(%)		不小于	70

注:任选劈裂试验和马歇尔稳定度试验之一作为设计要求,推荐使用劈裂试验。

5.5.4 泡沫沥青冷再生混合料中,泡沫沥青添加量折合成纯沥青后占混合料其余部分干质量的百分比一般为1.5% ~ 3.5%,水泥等活性填料剂量一般不超过1.5%。

5.6 无机结合料稳定冷再生混合料设计

5.6.1 无机结合料稳定冷再生混合料,按照现行《公路路面基层施工技术规范》水泥(石灰)稳定土混合料设计方法进行混合料设计。

5.6.2 用于高速公路和一级公路基层时,再生混合料级配宜满足表5.6.2中1号级配范围要求,用作底基层时宜满足表5.6.2中2号级配范围要求;用于二级及二级以下公路时,再生混合料级配宜满足表5.6.2中3号级配范围要求。

表5.6.2　无机结合料稳定冷再生混合料级配范围

筛孔尺寸（mm）	通过各筛孔的质量百分率（%）		
	1	2	3
37.5		100	90～100
31.5	100	—	—
26.5	90～100	—	66～100
19	72～89	—	54～100
9.5	47～67	—	39～100
4.75	29～49	50～100	28～84
2.36	17～35	—	20～70
1.18	—	—	14～57
0.6	8～22	17～100	8～47
0.075	0～7	0～30	0～30

5.6.3　经配合比设计确定的无机结合料稳定冷再生混合料性能应满足表5.6.3的技术要求。

表5.6.3　无机结合料稳定冷再生混合料技术要求

检测项目		再生结合料类型			
		水　泥		石　灰	
		高速公路和一级公路	二级及二级以下公路	高速公路和一级公路	二级及二级以下公路
无侧限抗压强度（MPa）	基层　不小于	3～5	2.5～3	—	0.8
	底基层　不小于	1.5～2.5	1.5～2.0	0.8	0.5～0.7

6 沥青路面厂拌热再生

6.1 一般规定

6.1.1 厂拌热再生,适用于对各等级公路回收沥青路面材料(RAP)进行热拌再生利用,再生后的沥青混合料根据其性能和工程情况,可用于各等级公路的沥青面层及柔性基层。

6.1.2 厂拌热再生,应选择符合要求的回收沥青路面材料(RAP)和适宜的回收沥青路面材料(RAP)掺配比例,混合料应满足现行《公路沥青路面施工技术规范》(JTG F40)中热拌沥青混合料的相关技术要求。

6.1.3 厂拌热再生混合料的分类,按照集料公称最大粒径、矿料级配、空隙率等划分,可参照《公路沥青路面施工技术规范》(JTG F40)的热拌沥青混合料分类。

6.2 回收沥青路面材料(RAP)的回收

6.2.1 不同的回收沥青路面材料(RAP)应分别回收,分开堆放、不得混杂。回收沥青路面材料(RAP)回收可选用冷铣刨、机械开挖等方式,应减少材料变异。

6.2.2 回收沥青路面材料(RAP)在回收和存放时不得混入基层废料、水泥混凝土废料、杂物、土等杂质。

6.3 回收沥青路面材料(RAP)的预处理与堆放

6.3.1 使用推土机、装载机等机具将一个料堆的回收沥青路面材料(RAP)充分混合,然后用破碎机或其他方式进行破碎,应使回收沥青路面材料(RAP)最大粒径小于再生沥青混合料最大公称粒径,不应有超粒径材料。不允许直接使用未经预处理的回收沥青路面材料(RAP)。

6.3.2 根据再生混合料的最大公称粒径合理选择筛孔尺寸,将处理后的回收沥青路面材料(RAP)筛分成不少于两档的材料。

6.3.3 经过预处理的回收沥青路面材料(RAP),可用装载机等将其转运到堆料场均匀堆放,转运和堆放过程中应避免回收沥青路面材料(RAP)离析。

6.3.4 回收沥青路面材料(RAP)应避免长时间的堆放,料仓中的回收沥青路面材料(RAP)应及时使用。

6.3.5 使用回收沥青路面材料(RAP)时应从料堆的一端开始在全高范围内铲料。

6.4 混合料拌制

6.4.1 厂拌热再生混合料可以选用间歇式拌和设备或连续式拌和设备进行拌制,拌和设备必须具备回收沥青路面材料(RAP)的配料装置和计量装置。使用间歇式拌和设备,当回收沥青路面材料(RAP)掺量大于10%时,宜增加回收沥青路面材料(RAP)烘干加热系统。

6.4.2 回收沥青路面材料(RAP)料仓数量应不少于两个,料仓内的回收沥青路面材料(RAP)含水率不应大于3%。

6.4.3 厂拌热再生混合料的生产温度与拌和时间应根据拌和设备的加热干燥能力、回收沥青路面材料(RAP)含水率、再生混合料的级配、新沥青的黏温曲线等综合确定,以不加剧回收沥青路面材料(RAP)的再老化,提高生产能力,降低能耗,并生产出均匀稳定的沥青混合料为原则。

    1 使用间歇式拌和设备时,应适当提高新集料的加热温度,但最高不宜超过200℃。

    2 使用间歇式拌和设备时,干拌时间一般比普通热拌沥青混合料延长5~10s,总拌和时间比普通热拌沥青混合料延长15s左右。

    3 再生混合料出料温度应比普通热拌沥青混合料高5℃~15℃。

    4 回收沥青路面材料(RAP)加热时不得直接与火焰接触。

6.4.4 厂拌热再生混合料拌制的其他要求,应符合现行《公路沥青路面施工技术规范》(JTG F40)对热拌沥青混合料路面的规定。

6.5 摊铺和压实

6.5.1 厂拌热再生混合料的摊铺温度宜比热拌沥青混合料高5℃~15℃。

6.5.2 厂拌热再生混合料摊铺的其他要求,应符合现行《公路沥青路面施工技术规范》(JTG F40)对热拌沥青混合料路面的规定。

6.5.3 厂拌热再生混合料的压实温度宜比热拌沥青混合料高5℃~10℃。

6.5.4 厂拌热再生混合料压实的其他要求,应符合现行《公路沥青路面施工技术规范》(JTG F40)对热拌沥青混合料路面的规定。

6.6 养生和开放交通

6.6.1 厂拌热再生混合料路面的养生和开放交通,应符合现行《公路沥青路面施工技术规范》(JTG F40)对热拌沥青混合料路面的规定。

6.7 施工质量管理

6.7.1 厂拌热再生混合料路面的施工质量管理,应符合现行《公路沥青路面施工技术规范》(JTG F40)对热拌沥青混合料路面的规定,在施工过程中须对回收沥青路面材料(RAP)按表6.7.1项目进行检查。

表6.7.1 施工过程中 RAP 质量检查

材　料	检查项目	要　求　值	检查频率
RAP	RAP 级配	符合设计要求	每天1次
	RAP 的含水率(%)	<3	每天1次

6.8 检查验收

6.8.1 厂拌热再生混合料路面的检查验收,应符合现行《公路沥青路面施工技术规范》(JTG F40)对热拌沥青混合料路面的规定。

7 沥青路面就地热再生

7.1 一般规定

7.1.1 就地热再生适用于仅存在浅层轻微病害的高速公路及一、二级公路沥青路面表面层的就地再生利用,再生层可用作上面层或者中面层。

7.1.2 沥青路面就地热再生是一种预防性养护技术,再生时原路面应具备以下条件:
1 原路面整体强度满足设计要求。
2 原路面病害主要集中在表面层,通过再生施工可得到有效修复。
3 原路面沥青的 25 ℃针入度不低于 20(0.1mm)。

7.1.3 沥青路面就地热再生,再生深度一般为 20~50mm。

7.1.4 原路面上有稀浆封层、微表处、超薄罩面、碎石封层的,不宜直接进行就地热再生。就地热再生前,应先将其铣刨掉,或经充分试验分析后,做出针对性的材料设计和工艺设计。

7.1.5 改性沥青路面的就地热再生,宜进行专门论证。

7.2 施工准备

7.2.1 就地热再生施工前应进行现场周边环境调查,对可能受到影响的植物隔离带、树木、加油站等提前采取隔离措施。

7.2.2 就地热再生施工前,必须对就地热再生无法修复的路面病害进行预处理。
1 破损松散类病害:破损松散类病害的深度超过就地热再生施工深度时,应予挖补。
2 变形类病害:根据再生设备的不同,变形深度为 30~50mm 时,再生前应进行铣刨处理。
3 裂缝类病害:分析裂缝类病害成因,影响热再生工程质量的裂缝应予处理。

7.2.3 原路面特殊部位的预处理:

1 宜用铣刨机沿行车方向将伸缩缝和井盖后端铣刨2～5m,前端铣刨1～2m,深度30～50mm,再生施工时用新沥青混合料铺筑。

2 原路面上的突起路标应清除。

3 采用隔热板保护桥梁伸缩缝。

7.2.4 铺筑试验路段。

就地热再生正式施工前应铺筑试验路,从施工工艺、质量控制、施工管理、施工安全等各个方面进行检验。就地热再生试验路段的长度不宜小于200m。

7.3 再生

7.3.1 清扫路面,画导向线。

清扫路面,避免杂物混入混合料内。在路面再生宽度以外画导向线,也可将路面边缘线作为导向线,保证再生施工边缘顺直美观。

7.3.2 路面加热。

1 原路面必须充分加热。不得因加热温度不足造成铣刨时集料破损,影响再生质量,也不得因加热温度过高造成沥青过度老化。

2 应减小再生列车各设备间距,减少热量散失。

3 原路面加热宽度比铣刨宽度每侧应至少宽出200mm。

7.3.3 路面铣刨。

1 铣刨深度要均匀。铣刨深度变化时应缓慢渐变。

2 铣刨面应有较好的粗糙度。

3 铣刨面温度应高于70℃。

7.3.4 再生剂喷洒。

1 再生剂喷洒装置应与再生复拌机行走速度联动并可自动控制,能准确按设计剂量喷洒。

2 再生剂应加热至不影响再生剂质量的最高温度,提高再生剂的流动性和与旧沥青的融合性。

3 再生剂应均匀喷入旧沥青混合料中。

4 再生剂用量应准确控制,施工过程中应根据铣刨深度的变化适时调整再生剂的用量。

7.3.5 拌和。

应保证再生沥青混合料拌和均匀。

7.4 摊铺

7.4.1 摊铺应匀速行进,施工速度宜为 1.5～5m/min。混合料摊铺应均匀,避免出现粗糙、拉毛、裂纹、离析等现象。

7.4.2 应根据再生层厚度调整摊铺熨平板的振捣功率,提高混合料的初始密度,减少热量散失。

7.4.3 再生混合料的摊铺温度宜控制在 120℃～150℃。

7.5 压实

7.5.1 就地热再生混合料的碾压应配套使用大吨位的振动双钢轮压路机、轮胎压路机等压实机具。

7.5.2 碾压必须紧跟摊铺进行,使用双钢轮压路机时宜减少喷水,使用轮胎压路机时不宜喷水。

7.5.3 对压路机无法压实的局部部位,应选用小型振动压路机或者振动夯板配合碾压。

7.6 开放交通

7.6.1 就地热再生压实完成后,再生层路表温度低于50℃后方可开放交通。

7.7 施工质量管理

7.7.1 沥青路面就地热再生施工过程中的材料质量检查,应符合现行《公路沥青路面施工技术规范》(JTG F40)对热拌沥青混合料路面的有关规定。

7.7.2 沥青路面就地热再生需要添加新沥青混合料时,新沥青混合料的质量应满足设计要求,再生混合料的质量控制,应符合现行《公路沥青路面施工技术规范》(JTG F40)对热拌沥青混合料的有关规定。

7.7.3 沥青路面就地热再生施工过程中的工程质量控制应满足表7.7.3-1、表7.7.3-2的要求。

表 7.7.3-1　就地热再生混合料施工过程中的工程质量控制标准

检查项目	检查频度	质量要求或允许偏差	试验方法
再生剂用量	随时	适时调整,总量控制	每天计算
压实度均值	每天 1~2 次	最大理论密度的 94%	T 0924,JTG F40—2004 附录 E
再生混合料摊铺温度	随时	>120℃	温度计测量

表 7.7.3-2　就地热再生外形尺寸现场质量检查的项目与频度

检查项目	检查频度	质量要求或允许偏差	试验方法
宽度(mm)	每 100m 1 次	大于设计宽度	T 0911
再生厚度(mm)	随时	±5	T 0912
加铺厚度(mm)	随时	±3	T 0912
平整度最大间隙(mm)	随时	<3	T 0931
横接缝高差(mm)	随时	<3,必须压实	三米直尺间隙
纵接缝高差(mm)	随时	<3,必须压实	三米直尺间隙
外观	随时	表面平整密实,无明显轮迹、裂痕、推挤、油包、离析等缺陷	目测

7.8　检查验收

7.8.1　就地热再生工程的检查和验收应满足表 7.8.1 的要求。

表 7.8.1　就地热再生工程检查和验收项目与频度

检查项目	检查频度	质量要求或允许偏差		试验方法
宽度(mm)	每 1km 20 个断面	大于设计宽度		T 0911
再生厚度(mm)	每 1km 5 点	−5		T 0912
加铺厚度(mm)	每 1km 5 点	±3		T 0912
平整度 IRI(m/km)	全线连续	高速、一级公路	<3.0	T 0933
		其他等级公路	<4.0	
外观	随时	表面平整密实,无明显轮迹、裂痕、推挤、油包、离析等缺陷		目测
压实度代表值	每 1km 5 点	最大理论密度的 94%		T 0924

8 沥青路面厂拌冷再生

8.1 一般规定

8.1.1 厂拌冷再生,适用于对各等级公路的回收沥青路面材料(RAP)进行冷拌再生利用,再生后的沥青混合料根据其性能和工程情况,可用于高速公路和一、二级公路沥青路面的下面层及基层、底基层,三、四级公路沥青路面的面层。当用于三、四级公路的上面层时,应采用稀浆封层、碎石封层、微表处等做上封层。

厂拌冷再生可使用乳化沥青或者泡沫沥青作为再生结合料。

8.1.2 厂拌冷再生层施工前,必须确认再生层的下承层满足要求。

8.1.3 厂拌冷再生混合料每层压实厚度不宜大于160mm,且不宜小于60mm。

8.2 回收沥青路面材料(RAP)的回收、预处理和堆放

8.2.1 厂拌冷再生中回收沥青路面材料(RAP)的回收、预处理和堆放应满足本规范第6.2节、第6.3节的要求。

8.3 混合料拌制

8.3.1 对拌和设备的要求:厂拌冷再生宜采用专用拌和设备。使用泡沫沥青作为再生结合料时还必须配备泡沫沥青发生装置。

8.3.2 拌和设备的生产能力应与摊铺设备生产能力匹配。

8.3.3 拌和时间应适宜,拌和后的冷再生混合料应均匀一致,无结团成块现象。

8.4 施工准备

8.4.1 下承层的准备。

下承层应密实平整,强度符合设计要求。在摊铺冷再生层混合料之前宜在下承层表

面喷洒乳化沥青,喷洒量为纯沥青用量$0.2 \sim 0.3 \text{kg/m}^2$。

8.4.2 铺筑试验路段。

铺筑试验路,长度不宜小于200m。从施工工艺、工程质量、施工管理、施工安全等方面验证施工配合比及施工方案和施工工艺的可行性,并为正常施工提供技术依据。

8.5 摊铺

8.5.1 厂拌冷再生混合料应采用摊铺机摊铺,熨平板不需要加热。用于三级以下公路时也可以选择使用平地机摊铺,摊铺按照本规范第9.4节进行。

8.5.2 摊铺机必须缓慢、均匀、连续不断地摊铺,不得随意变换速度或者中途停顿。摊铺速度宜控制在$2 \sim 4\text{m/min}$范围内。当发现摊铺后的混合料出现明显离析、波浪、裂缝、拖痕时应分析原因,予以消除。

8.6 压实

8.6.1 根据再生层厚度、压实度等的需要,配备足够数量、吨位的钢轮压路机、轮胎压路机,按照试验段确定的压实工艺在混合料最佳含水率情况下进行碾压,保证压实后的再生层符合压实度和平整度的要求。

8.6.2 直线和不设超高的平曲线段,应由两侧路肩向路中心碾压;设超高的平曲线段,应由内侧路肩向外侧路肩碾压。

8.6.3 压路机应以慢而均匀的速度碾压,初压速度宜为$1.5 \sim 3\text{km/h}$,复压和终压速度宜为$2 \sim 4\text{km/h}$。

8.6.4 严禁压路机在刚完成碾压或正在碾压的路段上掉头、急刹车及停放。

8.7 养生及开放交通

8.7.1 冷再生层在加铺上层结构前必须进行养生,养生时间不宜少于7d。当满足以下两个条件之一时,可以提前结束养生:

1 再生层可以取出完整的芯样。

2 再生层含水率低于2%。

8.7.2 养生方法。

1 在封闭交通的情况下养生时,可进行自然养生,一般无需采取措施。

2 在开放交通的条件下养生时,再生层在完成压实至少1d后方可开放交通,但应严格限制重型车辆通行,行车速度应控制在40km/h以内,并严禁车辆在再生层上掉头和急刹车。为避免车轮对表层的破坏,可在再生层上均匀喷洒慢裂乳化沥青(稀释至30%左右的有效含量),喷洒用量折合纯沥青后宜为 $0.05 \sim 0.2 \text{kg/m}^2$。

8.7.3 养生完成后,在铺筑上层沥青层前应喷洒黏层。

8.8 施工质量管理

8.8.1 施工过程的材料质量控制和检查的项目、频度等应满足表8.8.1的要求。

表8.8.1 厂拌冷再生施工前材料的检查

材 料	检查项目	要 求 值	检查频率
乳化沥青	表4.3.1规定的项目	符合设计要求	每批来料1次
泡沫沥青	表4.4.1规定的项目	符合设计要求	每批来料1次
矿料	表4.9.2-2规定的项目	符合设计要求	每批来料1次
RAP	RAP级配	符合设计要求	每批来料1次

8.8.2 施工过程的质量控制项目、频度等应满足表8.8.2的要求。

表8.8.2 施工过程的质量控制检查项目、频度和要求

检查项目		质量要求	检验频率	检验方法
乳化沥青再生	压实度(%)	≥90(高速公路、一级公路) ≥88(二级及二级以下公路)	每车道每公里检查1次	基于最大理论密度, T 0924 或 T 0921
	空隙率(%)	≤10(高速公路、一级公路) ≤12(二级及二级以下公路)		
泡沫沥青再生	压实度(%)	≥98(高速公路、一级公路) ≥97(二级及二级以下公路)	每车道每公里检查1次	基于重型击实标准密度, T 0924 或 T 0921
15℃劈裂强度(MPa)		符合设计要求		T 0716
干湿劈裂强度比(%)		符合设计要求	每工作日1次	T 0716
马歇尔稳定度(kN)		符合设计要求		T 0709
残留稳定度(%)		符合设计要求		T 0709
冻融劈裂强度比(%)		≥70	每3个工作日1次	T 0729
含水率		符合本规范要求	发现异常时随时试验	T 0801
沥青含量、矿料级配		符合设计要求	发现异常时随时试验	抽提、筛分

8.8.3 施工过程的外形尺寸检查项目、频度等应满足表8.8.3的要求。

表 8.8.3　外形尺寸检查项目、频度和要求

检 查 项 目		质 量 要 求	检 验 频 率	检 验 方 法
平整度最大间隙(mm)		8	随时,接缝处单杆测量	T 0931
纵断面高程(mm)		±10	检查每个断面	T 0911
厚度(mm)	均值	−8	随时	插入测量
	单个值	−10	随时	
宽度(mm)		不小于设计宽度,边缘线整齐,顺适	检查每个断面	T 0911
横坡度(%)		±0.3	检查每个断面	T 0911
外观		表面平整密实,无浮石、弹簧现象, 无明显压路机轮迹	随时	目测

8.9　检查验收

8.9.1　厂拌冷再生工程完工后,应将全线以 1～3km 作为一个评定路段,按照表 8.9.1 的要求进行质量检查和验收。

表 8.9.1　沥青路面厂拌冷再生质量检查验收的检查项目、频度和要求

检 查 项 目		质 量 要 求	检 验 频 率	检 验 方 法
平整度最大间隙(mm)		8	每200m 2 处,每处连续10 尺	T 0931
纵断面高程(mm)		±10	每200m 4 个点	T 0911
厚度(mm)	均值	−8	每200m 每车道1 个点	插入测量
	单个值	−15	每200m 每车道1 个点	
宽度(mm)		不小于设计宽度,边缘线整齐,顺适	每200m 4 个断面	T 0911
横坡度(%)		±0.3	每200m 4 个断面	T 0911
外观		表面平整密实,无浮石、弹簧现象, 无明显压路机轮迹	随时	目测
压实度(%)	乳化沥青	≥90(高速公路、一级公路) ≥88(二级及二级以下公路)	每车道每公里检查1 次	基于最大理论密度, T 0924 或 T 0921
	泡沫沥青	≥98(高速公路、一级公路) ≥97(二级及二级以下公路)	每车道每公里检查1 次	基于重型击实标准密度, T 0924 或 T 0921

9 沥青路面就地冷再生

9.1 一般规定

9.1.1 沥青路面就地冷再生,适用于一、二、三级公路沥青路面的就地再生利用,用于高速公路时应进行论证。沥青路面就地冷再生分为沥青层就地冷再生和全深式就地冷再生两种方式。对于一、二级公路,再生层可作为下面层、基层;对于三级公路,再生层可作为面层、基层,用作上面层时应采用稀浆封层、碎石封层、微表处等做上封层。

沥青层就地冷再生应使用乳化沥青、泡沫沥青作为再生结合料;全深式就地冷再生既可使用乳化沥青、泡沫沥青等沥青类的再生结合料,也可使用水泥、石灰等无机结合料作为再生结合料。当使用水泥、石灰等作为再生结合料时,再生层只可作为基层。

9.1.2 沥青路面就地冷再生时,再生层的下承层应完好,并满足所处结构层的强度要求。

9.1.3 就地冷再生层的压实厚度,使用乳化沥青、泡沫沥青时不宜大于160mm,且不宜小于80mm;使用水泥、石灰时不宜大于220mm,且不宜小于150mm。

9.1.4 使用水泥、石灰等无机结合料作为再生结合料时的全深式就地冷再生,沥青层厚度占再生厚度的比例不宜超过50%。

9.2 施工准备

9.2.1 铺筑试验路段。

铺筑试验路,长度不宜小于200m。从施工工艺、工程质量、施工管理、施工安全等方面进行检验,确定工艺参数。

9.2.2 就地冷再生机应满足以下要求:

1　工作装置的切削深度可精确控制。

2　工作宽度不应小于2.0m。

3　喷洒计量精确可调,并与切削深度、施工速度、材料密度等联动;喷嘴在工作宽度范围内均匀分布,各喷嘴可独立开启与关闭。

4 使用泡沫沥青时,还应具备泡沫沥青装置。

9.2.3 清除原路面上的杂物,根据再生厚度、宽度、干密度等计算每平方米新集料、水泥等用量,均匀撒布。有条件的应优先采用水泥制浆车添加水泥。

9.3 再生

9.3.1 综合考虑施工季节、气候条件、再生作业段宽度、施工机械和运输车辆的效率和数量、操作熟练程度、水泥终凝时间等因素,综合确定每个作业段的长度。

9.3.2 在施工起点处将各所需施工机具顺次首尾连接,连接相应管路。冷再生施工设备一般包括:水罐车、乳化沥青罐车(使用泡沫沥青时为热沥青罐车)、水泥浆车(有条件时)、冷再生机、拾料机(必要时)、摊铺机(必要时)、压路机。

9.3.3 启动施工设备,按照设定再生深度对路面进行铣刨、拌和。再生机组必须缓慢、均匀、连续地进行再生作业,不得随意变更速度或者中途停顿,再生施工速度宜为 4 ~ 10m/min。

9.3.4 单幅再生至一个作业段终点后,将再生机和罐车等倒至施工起点,进行第二幅施工,直至完成全幅作业面的再生。

9.3.5 纵向接缝的位置应避开快、慢车道上车辆行驶的轮迹。纵向接缝处相邻两幅作业面间的重叠量不宜小于100mm。

9.4 摊铺

9.4.1 沥青层就地冷再生,摊铺出的混合料不能出现明显离析、波浪、裂缝、拖痕。

9.4.2 采用摊铺机或者采用带有摊铺装置的再生机进行摊铺时,摊铺应符合本规范第8.5节的规定。

9.4.3 使用平地机进行摊铺时,应符合下列规定:
1 用轻型钢轮压路机紧跟再生机组初压 2 ~ 3 遍。
2 完成一个作业段的初压后,用平地机整平。
3 再次用轻型钢轮压路机在初平的路段碾压 1 遍,对发现的局部轮迹、凹陷进行人工修补。
4 用平地机整形,达到规定的坡度和路拱,整形后的再生层表面应无明显的再生机轮迹和集料离析现象。

9.5 压实

9.5.1 根据再生层厚度、压实度等的需要,配备足够数量、吨位的钢轮压路机、轮胎压路机,按照试验段确定的压实工艺进行碾压,保证压实后的再生层符合压实度和平整度的要求。

9.5.2 沥青路面就地冷再生施工必须采用流水作业法,使各工序紧密衔接,尽量缩短从拌和到完成碾压之间的延迟时间。

9.5.3 初压时混合料的含水率应比最佳含水率大 1% ~2%。碾压过程中,再生层表面应始终保持湿润,如水分蒸发过快,应及时洒水。

9.5.4 碾压过程中出现弹簧、松散、起皮等现象时,应及时翻开重新拌和,使其达到质量要求。

9.5.5 可在碾压结束前用平地机再终平一次,使其纵向顺适,路拱和超高符合设计要求。

9.5.6 其他要求按照本规范第 8.6 节规定执行。

9.6 养生及开放交通

9.6.1 使用乳化沥青、泡沫沥青的就地冷再生,养生和开放交通应符合本规范第 8.7 节的规定。

9.6.2 使用无机结合料的全深式就地冷再生,养生和开放交通应满足下列要求:

    1 碾压完成并经过压实度检查合格后的路段,应立即进行养生。养生可采用湿砂、覆盖、乳化沥青、洒水等方法。

    2 养生时间不宜少于 7d,整个养生期内再生层表面应保持潮湿状态。养生期内禁止除洒水车辆以外的其他车辆通行。

    3 后续施工前应将再生层清扫干净。如果再生层上为无机结合料稳定材料层,应洒少量水湿润表面;如果其上为沥青层,应立即实施透层和封层;如果其上是水泥混凝土层,应尽快铺设,避免再生层暴晒开裂。

9.7 施工质量管理

9.7.1 施工过程的材料质量控制和检查的项目、频度等应满足表9.7.1的要求。

表9.7.1 就地冷再生施工前材料的检查

材 料	检查项目	要 求 值	检查频率
乳化沥青	表4.3.1规定的项目	符合设计要求	每批来料1次
泡沫沥青	表4.4.1规定的项目	符合设计要求	每批来料1次
矿料	第4.6节规定的项目	符合设计要求	每批来料1次

9.7.2 使用乳化沥青、泡沫沥青时,施工过程的质量控制项目、频度和质量标准应符合本规范第8.8.2条的规定。

使用水泥、石灰等作为再生结合料的全深式就地冷再生,施工过程的质量控制项目、频度等应满足表9.7.2的要求。

表9.7.2 水泥、石灰全深式就地冷再生质量控制的检查项目、频度和要求

检查项目	质量要求	检验频率	检验方法
压实度(%)	≥95	每车道每公里1次	重型击实 T 0924 或 T 0921
抗压强度(MPa)	符合本规范要求	每车道每公里6个或9个试件	T 0805
含水率	符合本规范要求	发现异常时随时试验	T 0801
级配	符合本规范要求	每车道每公里1次	T 0302
水泥或石灰剂量	不小于设计值 -1.0 %	每车道每公里1次	T 0809

9.7.3 施工过程的外形尺寸检查项目、频度等应满足表9.7.3的要求。

表9.7.3 就地冷再生施工过程的外观尺寸检查项目、频度和要求

检查项目		质量要求	检验频率	检验方法
平整度(mm)		10	每200延米2处,每处连续10尺	T 0931
纵断面高程(mm)		±10	每20延米1点	T 0911
厚度(mm)	均值	-10	每车道每10米1点	插入测量
	单个值	-20		
宽度(mm)		不小于设计宽度,边缘线整齐,顺适	每40延米1处	T 0911
横坡度(%)		±0.3	每100延米3处	T 0911
外观		表面平整密实,无浮石、弹簧现象,无明显压路机轮迹	随时	目测

注:当再生层用作二级公路底基层,或者用于三级及三级以下公路时,纵断面高程控制要求可适当放宽。

9.8 检查验收

9.8.1 就地冷再生工程完工后,应将全线以 1~3km 作为一个评定路段,按照表9.8.1

的要求进行质量检查和验收。

表 9.8.1　就地冷再生检查验收项目、频度和要求

检查项目		质量要求	检验频率	检验方法
平整度最大间隙（mm）		10	每 200 延米 2 处，每处连续 10 尺	T 0931
纵断面高程（mm）		±10	每 20 延米 1 点	T 0911
厚度（mm）	均值	−10	每车道每 10 米 1 点	插入测量
	单个值	−20		
宽度（mm）		不小于设计宽度，边缘线整齐，顺适	每 40 延米 1 处	T 0911
横坡度（%）		±0.3	每 100 延米 3 处	T 0911
外观		表面平整密实，无浮石、弹簧现象，无明显压路机轮迹	随时	目测
压实度（%）	乳化沥青	≥90（高速公路、一级公路） ≥88（二级及二级以下公路）	每车道每公里检查一次	基于最大理论密度，T 0924 或 T 0921
	其他	≥98（高速公路、一级公路） ≥97（二级及二级以下公路）	每车道每公里检查一次	基于重型击实标准密度，T 0924 或 T 0921

注：当再生层用作二级公路底基层，或者用于三级及三级以下公路时，纵断面高程控制要求可适当放宽。

附录 A　回收沥青路面材料（RAP）取样与试验分析

A.1　现场取样

A.1.1　现场取样适用于就地热再生、就地冷再生工程的前期调查和混合料设计用回收沥青路面材料（RAP）的获取，以及厂拌热再生、厂拌冷再生工程的前期调查。

A.1.2　取样频率和方法

　1　分析路面结构和路面维修记录，根据路面情况是否相同或者接近将全施工路段划分为若干个子路段，每个子路段长度不宜大于 5 000m，且不宜小于 500m，或者每个子路段面积不宜大于 50 000m²，且不宜小于 5 000m²。

　2　按照现行《公路路基路面现场测试规程》随机取样方法确定取样点位置。

　3　就地热再生，每个子路段每个车道分别取样 1 处，采用机械切割方法，样品取回后根据需要将要求深度范围内的混合料切割使用。

　4　厂拌热再生、厂拌冷再生，每个子路段取样断面数不少于 8 个，可采用铣刨机铣刨、钻芯取样、机械切割等方法，钻芯取样时每个取样断面钻芯不少于 3 个；钻取的芯样和机械切割的样品，在室内击碎至最大粒径不超过 37.5mm 后使用。

　5　就地冷再生，每个子路段每个车道分别取样 1 处，应采用铣刨机铣刨方法，铣刨深度应与拟再生深度一致。

　6　根据需要，取得足够数量的回收沥青路面材料（RAP）。

A.2　拌和场料堆取样

A.2.1　拌和场料堆取样适用于厂拌热再生、厂拌冷再生工程的前期调查，以及混合料设计用回收沥青路面材料（RAP）的获取。

A.2.2　取样方法参照《公路工程集料试验规程》（JTG E42）粗集料料堆取样法，取样前应去除表面 15～25cm 深度范围内的回收沥青路面材料（RAP）。

A.2.3　根据需要，取得足够数量的回收沥青路面材料（RAP）。

A.3 试样缩分

A.3.1 分料器法:将试样拌匀,通过分料器分成大致相等的两份,再取其中的一份分成两份,缩分至需要的数量为止。

A.3.2 四分法:将所取试样置于平板上,在自然状态下拌和均匀,大致摊平,然后从摊平的试样中心沿互相垂直的两个方向把试样向两边分开,分成大致相等的四份,取其中对角的两份重新拌匀,重复上述过程,直至缩分至所需的数量。

A.4 回收沥青路面材料(RAP)评价

A.4.1 含水率

根据烘干前后回收沥青路面材料(RAP)质量的变化,按照式(A.4.1)计算回收沥青路面材料(RAP)的含水率 w。试验方法参照《公路工程集料试验规程》(JTG E42)T 0305,烘箱加热温度调整为60℃恒温。

$$w = \frac{m_w - m_d}{m_d} \times 100\%$$ (A.4.1)

式中:m_w——回收的旧沥青混合料质量(g);

m_d——回收的旧沥青混合料烘干至恒重的质量(g)。

A.4.2 回收沥青路面材料(RAP)级配

对回收沥青路面材料(RAP)进行筛分试验,确定回收沥青路面材料(RAP)的级配。试验方法参照《公路工程集料试验规程》(JTG E42)T 0327,材料加热温度调整为60℃恒温,采用干筛法。

A.4.3 砂当量

用4.75mm筛筛除回收沥青路面材料(RAP)中的粗颗粒,进行砂当量指标检测。试验方法按照《公路工程集料试验规程》(JTG E42)T 0334。

A.4.4 回收沥青路面材料(RAP)的沥青含量和性质

1 按照《公路工程沥青及沥青混合料试验规程》(JTJ 052)T 0726 阿布森法从沥青混合料中回收沥青。如果采用其他方法,需要进行重复性和复现性试验,并进行空白沥青标定。

2 检测沥青含量和回收沥青的25℃针入度、60℃黏度、软化点、15℃延度。

3 具有下列情形之一的,必须进行空白沥青标定:更换阿布森沥青回收设备时;更换三氯乙烯品种或供应商时;回收沥青性能异常时;沥青混合料来源发生变化时。

4　精度与允许误差。

重复性试验的允许误差为：针入度≤5(0.1mm)、黏度≤平均值的10%、软化点≤2.5℃，复现性试验的允许误差为：针入度≤10(0.1mm)、黏度≤平均值的15%、软化点≤5.0℃，如果超出允许误差范围，则应弃置回收沥青，重新标定、回收。

A.4.5　回收沥青路面材料(RAP)的矿料级配和集料性质

1　将抽提试验后得到的矿料烘干，待矿料降到室温后，用标准方孔筛进行筛分试验，确定回收沥青路面材料(RAP)中的旧矿料级配。回收沥青路面材料(RAP)的沥青含量与级配也可以采用燃烧法确定。若集料在燃烧过程中由于高温导致破碎，则不适宜采用该法。

2　回收沥青路面材料(RAP)中集料的性质，按照相关的部颁规范、规程进行检测。

附录 B　厂拌热再生混合料配合比设计方法

B.1　一般规定

B.1.1　本方法适用于厂拌热再生密级配沥青混合料及沥青稳定碎石混合料的配合比设计。

B.1.2　厂拌热再生混合料的配合比设计应通过目标配合比设计、生产配合比设计、生产配合比验证三个阶段，确定回收沥青路面材料（RAP）的掺配比例、新材料的品种及配合比、矿料级配、最佳沥青用量。

B.1.3　厂拌热再生混合料的目标配合比设计宜按照图 B.1 的步骤进行。

B.1.4　厂拌热再生混合料配合比设计时，回收沥青路面材料（RAP）应从处理后的回收沥青路面材料（RAP）料堆取样。使用其他取样方式进行的混合料设计，还应用料堆取样的回收沥青路面材料（RAP）按照本方法进行设计检验。

B.1.5　厂拌热再生混合料一般采用马歇尔设计方法进行配合比设计。如果采用其他设计方法设计，应按照本方法进行设计检验，满足要求时方可使用。

B.1.6　生产配合比设计可参照本方法规定的步骤进行。

B.2　确定工程设计级配范围

根据公路等级、气候条件、交通特点，充分借鉴成功经验，确定工程设计级配范围。工程设计级配范围应符合现行《公路沥青路面施工技术规范》（JTG F40）规定的相应热拌沥青混合料级配范围。

B.3　确定回收沥青路面材料（RAP）掺配比例

根据工程需要、回收沥青路面材料（RAP）特性等，选择回收沥青路面材料（RAP）的掺配比例。

图 B.1 厂拌热再生混合料目标配合比设计流程图

B.4 选择新沥青标号和再生剂用量

B.4.1 确定再生沥青目标标号

厂拌热再生混合料,目标标号根据公路等级、混合料使用的层位、工程的气候条件、交通量、设计车速等条件,选取与当地同等条件道路的一致沥青标号作为再生沥青目标标号。回收沥青路面材料(RAP)掺配比例较大时,也可以根据实际情况,适当降低沥青目标标号一个等级。

B.4.2 确定新沥青标号

1 根据回收沥青路面材料(RAP)的性质、掺配比例,参照表 B.4.2 选择新沥青。

表 B.4.2　再生混合料新沥青选择

RAP 含量（%）／回收沥青等级／建议新沥青等级	$P \geqslant 30$	$P = 20 \sim 30$	$P = 10 \sim 20$
沥青选择不需要变化	< 20	< 15	< 10
选择新沥青标号比正常高半个等级,即针入度10(0.1mm)	20 ~ 30	15 ~ 25	10 ~ 15
根据新旧沥青混合调和法则确定	> 30	> 25	> 15

注:表中的 P 代表25℃的针入度(0.1mm)。

2　需要根据新旧沥青混合调和法则确定新沥青标号的,按照下式确定新沥青(再生剂)的黏度。

$$\lg\lg\eta_{\mathrm{mix}} = (1 - \alpha)\lg\lg\eta_{\mathrm{old}} + \alpha\lg\lg\eta_{\mathrm{new}} \qquad (B.4.2)$$

式中:η_{mix}——混合后沥青的60℃黏度(Pa·s);

η_{old}——混合前旧沥青的60℃黏度(Pa·s);

η_{new}——混合前新沥青或再生剂的60℃黏度(Pa·s);

α——新沥青的比例,$\alpha = \dfrac{P_{\mathrm{nb}}}{P_{\mathrm{b}}}$。

3　根据黏度 η_{new} 确定新沥青标号。如需新沥青和再生剂配合使用的,新沥青与再生剂的掺配比例可按照上式计算。应首先选择合适标号的新沥青,存在下列情形之一的可使用再生剂:

1)计算得到所需的新沥青标号过高,市场供应存在问题;

2)回收沥青路面材料(RAP)掺配比例较大或者回收沥青路面材料(RAP)中旧沥青含量较高。

4　根据计算得到的新旧沥青掺配比例和再生剂掺量,进行新旧沥青掺配试验,试验验证再生沥青标号。

5　测试60℃黏度有困难的,可采用针入度指标。

B.5　材料取样、试验

根据本规范第4.9.2条确定回收沥青路面材料(RAP)特性。按照《公路沥青路面施工技术规范》(JTG F40)确定其他材料的特性。

B.6　估算新沥青用量 P_{nb} 及其占总沥青用量的比例

B.6.1　估计再生混合料的沥青总用量。回收沥青路面材料(RAP)掺量不超过20%时,热再生混合料的总沥青用量与没有掺加回收沥青路面材料(RAP)的沥青混合料基本一致,可以根据工程材料特性、气候特点、交通量等条件,结合当地的工程经验进行估计。

也可按下式估计沥青总用量：

$$P_b = 0.035a + 0.045b + Kc + F \qquad (B.6.1)$$

式中：P_b——估计的混合料中的总沥青用量（%）；

    K——系数；$K = 0.18$，当 0.075mm 筛孔通过率为 6% ~ 10% 的时候；

      $K = 0.20$，当 0.075mm 筛孔通过率等于或小于 5% 的时候；

    a——2.36mm 筛孔以上集料的比例（%）；

    b——通过 2.36mm 筛孔且留在 0.075mm 筛孔上集料的比例（%）；

    c——通过 0.075mm 筛孔矿料的比例（%）；

    F——常数；$F = 0 ~ 2.0$，取决于集料的吸水率，缺乏资料时采用 0.7。

B.6.2 估算新沥青用量 P_{nb}。

按照下式计算再生混合料的新沥青用量 P_{nb}：

$$P_{nb} = P_b - P_{ob} \times n / 100 \qquad (B.6.2)$$

式中：P_b——热再生混合料的总沥青用量（%）；

    P_{ob}——RAP 中的沥青含量（%）；

    n——RAP 掺配比例（%）。

B.6.3 不同档的回收沥青路面材料（RAP），其沥青含量需要分别计算再相加。

B.7 矿料配合比设计

B.7.1 根据回收沥青路面材料（RAP）的老化程度、含水率、回收沥青路面材料（RAP）矿料的级配变异情况以及工程的实际情况、沥青混合料类型、拌和设备的类型与加热干燥能力、新集料的性质等，确定新集料与回收沥青路面材料（RAP）的掺配比例。回收沥青路面材料（RAP）掺配比一般为 15% ~ 30%。

B.7.2 将粗、细回收沥青路面材料（RAP）中的矿料分别作为再生混合料中的一种矿料进行矿料配合比设计。

B.8 确定最佳新沥青用量

B.8.1 以估算的新沥青用量 P_{nb} 为中值，用 P_{nb}、$P_{nb} \pm 0.5$、$P_{nb} \pm 1.0$ 这 5 个沥青用量水平，按照《公路沥青路面施工技术规范》（JTG F40）的马歇尔方法确定最佳新沥青用量 OAC。

B.8.2 马歇尔试件制备方法

1 将回收沥青路面材料（RAP）置于烘箱中加热至 110℃，加热时间不宜超过 2h，避免回收沥青路面材料（RAP）进一步老化。

2 据新沥青的黏温曲线确定混合料的拌和与成型温度，新集料加热温度宜高出拌和温度 10℃～15℃。

3 再生混合料拌和时的投料顺序是将回收沥青路面材料（RAP）、粗细集料倒入预热的拌和机预拌，然后加入再生剂和新沥青，最后加入单独加热的矿粉，继续拌和至均匀为止，总拌和时间一般为 3min。

4 将一个试样所需的混合料倒入预热的试模中，成型方法与热拌沥青混合料相同。

B.9 配合比设计检验

按照现行《公路沥青路面施工技术规范》（JTG F40）热拌沥青混合料配合比设计方法的有关规定进行配合比设计检验。

B.10 配合比设计报告

热再生混合料配合比设计报告应包括：回收沥青路面材料（RAP）试验结果、回收沥青路面材料（RAP）掺量确定、混合沥青的试验结果、工程设计级配范围选择说明、材料品种选择与新材料试验结果、矿料级配、最佳沥青用量，以及各项提及指标、配合比设计检验结果等。

附录 C 就地热再生混合料配合比设计方法

C.1 一般规定

C.1.1 本方法适用于就地热再生混合料的配合比设计。

C.1.2 就地热再生混合料配合比设计应通过试验路段进行检验。

C.1.3 就地热再生混合料的目标配合比设计宜按照图 C.1 的步骤进行。

C.2 确定工程设计级配范围

C.2.1 在规定的级配范围内,根据公路等级、工程性质、交通特点、材料品种等因素,通过对条件大体相当的工程使用情况进行调查研究后确定,特殊情况下允许超出规范要求级配范围。经确定的工程设计级配范围是配合比设计的依据,不得随意变更。

C.3 矿料级配设计

C.3.1 根据旧沥青路面材料的矿料级配和拟定的设计级配范围,确定掺加的新沥青混合料的矿料级配。

C.3.2 当再生混合料配合比不能满足级配要求时,应综合考虑再生厚度、新沥青混合料的掺配比例和级配、再生沥青性能、再生混合料性能等,调整级配范围。

C.3.3 再生混合料一般需掺加新沥青混合料,以改善原路面矿料级配。

C.4 确定再生剂用量

C.4.1 充分考虑再生路面的气候、交通特点、层位、纵横坡、超高等因素,确定旧沥青再生的目标标号。

C.4.2 根据旧沥青再生的目标标号,用如下的试配法进行旧沥青再生试验:将再生剂按一定间隔的等差数列比例掺入旧沥青,测定再生沥青的三大指标,绘制变化曲线,用内插法初步确定再生剂用量。

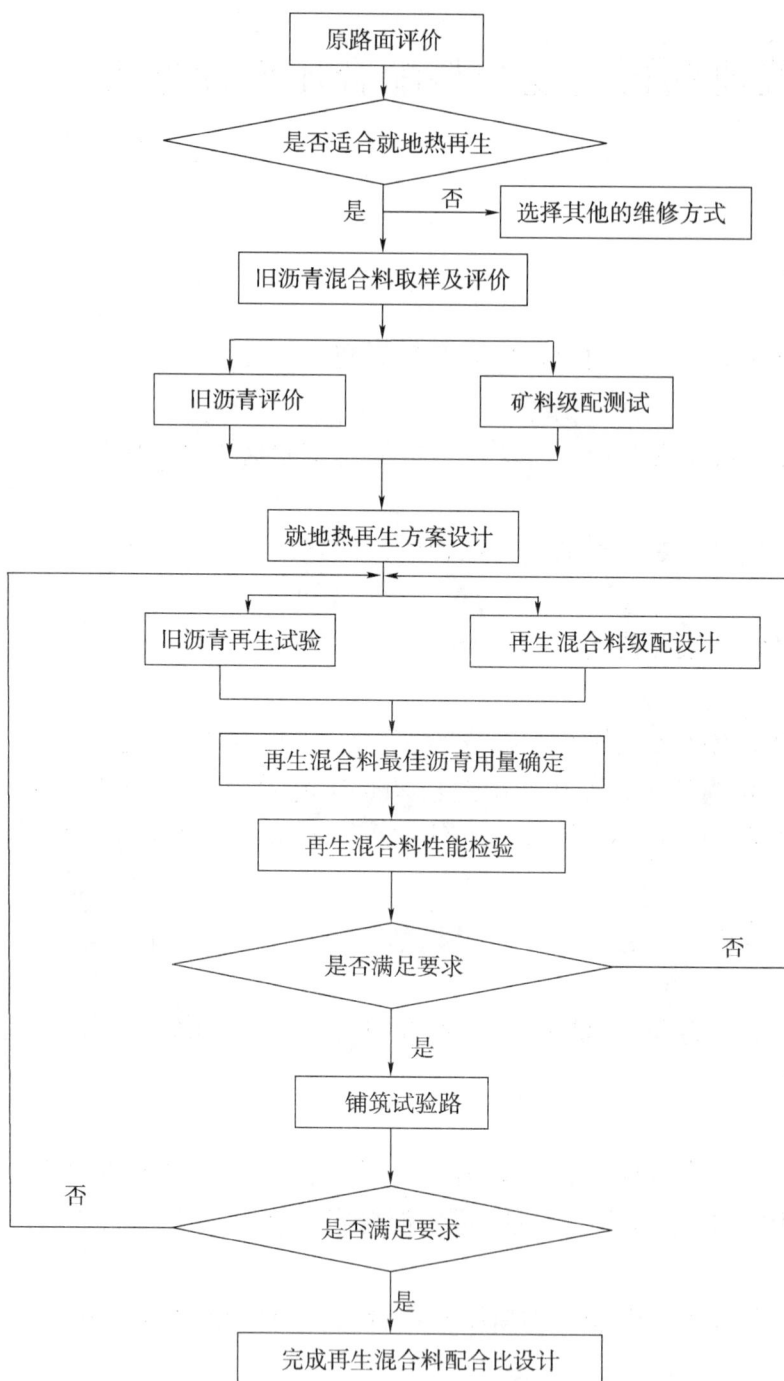

```
                    ┌──────────────┐
                    │   原路面评价   │
                    └──────┬───────┘
                           ↓
                ┌────────────────────┐
                │    是否适合就地热再生   │
                └──────────┬─────────┘
                      是│   否→  ┌──────────────┐
                        ↓        │  选择其他的维修方式  │
                ┌──────────────┐ └──────────────┘
                │ 旧沥青混合料取样及评价 │
                └──────┬───────┘
                 ┌─────┴──────┐
                 ↓            ↓
          ┌──────────┐  ┌──────────┐
          │  旧沥青评价  │  │  矿料级配测试  │
          └─────┬────┘  └────┬─────┘
                └────┬───────┘
                     ↓
              ┌──────────────┐
              │  就地热再生方案设计  │
              └──────┬───────┘
                ┌────┴─────┐
                ↓          ↓
         ┌──────────┐ ┌──────────────┐
         │ 旧沥青再生试验 │ │  再生混合料级配设计  │
         └─────┬────┘ └────┬─────────┘
               └────┬──────┘
                    ↓
           ┌──────────────────┐
           │  再生混合料最佳沥青用量确定  │
           └────────┬─────────┘
                    ↓
            ┌──────────────┐
            │  再生混合料性能检验  │
            └──────┬───────┘
                   ↓
            ┌──────────────┐
            │    是否满足要求    │──否──→
            └──────┬───────┘
                 是│
                   ↓
             ┌──────────┐
             │  铺筑试验路  │
             └─────┬────┘
           否          ↓
            ┌──────────────┐
            │    是否满足要求    │
            └──────┬───────┘
                 是│
                   ↓
           ┌──────────────┐
           │  完成再生混合料配合比设计  │
           └──────────────┘
```

图 C.1 就地热再生混合料设计框图

C.4.3 在满足再生沥青技术指标的前提下,宜少用再生剂。一般情况下,掺加的新沥青的标号可选择现行《公路沥青路面施工技术规范》(JTG F40)中规定的该地区的新沥青标号;当选择掺加高标号的新沥青时,可适当减少再生剂的用量。掺加的新沥青技术指标必须符合现行《公路沥青路面施工技术规范》(JTG F40)的规定。

C.5 马歇尔试验

C.5.1 预估再生混合料的油石比,以此为中值,以一定的间隔确定5个新沥青用量,分别成型马歇尔试件。

C.5.2 按照现行《公路沥青路面施工技术规范》(JTG F40)的方法测试试件的毛体积相对密度、吸水率、最大理论相对密度,测试再生混合料马歇尔稳定度和流值。

C.6 确定最佳新沥青用量

C.6.1 按照现行《公路沥青路面施工技术规范》(JTG F40)的方法确定最佳新沥青用量。

C.6.2 新沥青用量与新集料的比值即为掺加的新沥青混合料的油石比。

C.7 配合比设计检验

C.7.1 按照现行《公路沥青路面施工技术规范》(JTG F40)的方法进行配合比设计检验。

C.8 试验路检验再生混合料性能

C.8.1 就地热再生混合料的性能必须经试验路检验。

C.8.2 试验路检验项目主要有:现场再生沥青的技术指标,马歇尔稳定度,再生混合料的级配、动稳定度,浸水马歇尔残留稳定度,冻融劈裂强度比等,检验其是否满足设计和规范要求。

附录 D 乳化沥青（泡沫沥青）冷再生混合料配合比设计方法

D.1 一般规定

D.1.1 本方法适用于使用马歇尔方法进行乳化沥青或者泡沫沥青冷再生混合料的配合比设计。

D.1.2 厂拌冷再生混合料配合比设计时回收沥青路面材料（RAP）应从处理后的回收沥青路面材料（RAP）料堆取样，就地冷再生混合料配合比设计时回收沥青路面材料（RAP）应从原路面采用铣刨机铣刨取样，如使用其他取样方式，还应使用上述标准取样方法进行设计检验。

D.1.3 就地冷再生混合料配合比设计应通过试验路段进行检验。

D.2 确定工程设计级配范围

D.2.1 在本规范规定的级配范围内，根据公路等级、工程性质、交通特点、材料品种等因素，通过对条件大体相当的工程使用情况进行调查研究后确定，特殊情况下允许超出规范级配范围。经确定的工程设计级配范围是配合比设计的依据，不得随意变更。

D.3 材料选择与准备

D.3.1 配合比设计的各种矿料、回收沥青路面材料（RAP）、水泥等必须按照相关规定，从工程实际使用的材料中取有代表性的样品。

D.3.2 使用乳化沥青作为再生结合料时，乳化沥青样品应满足表4.3.1的要求。

D.3.3 使用泡沫沥青作为再生结合料时，应首先进行泡沫沥青的发泡试验，确定最佳发泡温度和最佳发泡用水量，方法见本规范附录E。

D.3.4 配合比设计所用材料，其质量应满足本规范的技术要求。当单一规格的集料某项指标不合格,但不同粒径规格的材料按照级配组成集料混合料指标能符合规范要求时,允许使用。

D.4 矿料级配设计

D.4.1 测得回收沥青路面材料(RAP)、新集料等各组成材料的级配。

D.4.2 以回收沥青路面材料(RAP)为基础,掺加不同比例的新集料,使合成级配满足工程设计级配的要求。

D.4.3 合成级配曲线应平顺。

D.5 确定最佳含水率

参照现行《公路土工试验规程》(JTG E40)T 0131 的方法,对合成矿料进行击实试验,确定最佳含水率。

D.5.1 使用乳化沥青时,乳化沥青试验用量可定为4%,变化含水率进行击实试验,获得最大干密度时,其混合料的含水率即为最佳含水率 OWC。

D.5.2 使用泡沫沥青时,泡沫沥青试验用量可定为3%,变化含水率进行击实试验,获得最大干密度时,其混合料的含水率即为最佳含水率 OWC。

D.6 确定最佳乳化沥青用量 OEC 和最佳泡沫沥青用量 OAC

D.6.1 以预估的沥青用量为中值,按照一定间隔变化形成 5 个乳化沥青(泡沫沥青)用量,保持最佳含水率 OWC 不变,按照以下方法制备马歇尔试件:

1 向拌和机内加入足够的(大约为 1 150g)拌和均匀含回收沥青路面材料(RAP)的混合集料。

2 按照计算得到的加水量加水,拌和均匀,拌和时间一般为 1min。

3 按照计算的乳化沥青(泡沫沥青)量加入乳化沥青(泡沫沥青),拌和均匀,拌和时间一般为 1min。

4 将拌和均匀的混合料装入试模,放到马歇尔击实仪上,乳化沥青试样双面各击实 50 次,泡沫沥青试样双面各击实 75 次。

5 将试样连同试模一起侧放在 60℃ 的鼓风烘箱中养生至恒重,养生时间一般不少于 40h。

6 将试模从烘箱中取出,乳化沥青试样应立即放置到马歇尔击实仪上,双面各击实

25 次,然后侧放在地面上,在室温下冷却至少 12h,然后脱模;泡沫沥青试样直接侧放冷却 12h 后脱模。

D.6.2 测定试件的毛体积相对密度 γ_f,宜采用现行《公路工程沥青及沥青混合料试验规程》(JTJ 052)T 0707 蜡封法,用其他方法测定试件的毛体积密度前,应对该试验方法进行验证。

D.6.3 对于乳化沥青混合料,在成型马歇尔试件的同时,用现行《公路工程沥青及沥青混合料试验规程》(JTJ 052)T 0711 真空法实测各组再生混合料的最大理论相对密度 γ_t。

D.6.4 将各组油石比试件进行 15℃劈裂试验、浸水 24h 的劈裂试验(或者是马歇尔稳定度和浸水马歇尔稳定度试验)。浸水 24h 劈裂试验的试验方法为:将试件完全浸泡在 25℃恒温水浴中 23h,再在 15℃恒温水浴中完全浸泡 1h,然后取出试件立即进行 15℃的劈裂试验。

D.6.5 根据劈裂强度试验和浸水劈裂强度试验结果(或者是马歇尔稳定度和浸水马歇尔稳定度试验结果),结合工程经验,综合确定最佳乳化沥青用量 OEC 或者是最佳泡沫沥青用量 OAC。

D.6.6 使用乳化沥青时,OEC 处的混合料空隙率应满足表 5.4.3 的要求,否则应重新进行设计。

D.6.7 按照现行《公路工程沥青及沥青混合料试验规程》(JTJ 052)T 0729 冻融劈裂试验方法对混合料性能进行检验,试验结果应满足表 5.4.3、表 5.5.3 的要求。

附录 E 泡沫沥青发泡试验

E.1 一般规定

E.1.1 本方法适用于使用泡沫沥青室内发生装置确定泡沫沥青的最佳发泡温度和最佳发泡用水量。

E.2 仪器与材料

E.2.1 试验仪器和工具包括:泡沫沥青发生装置、温度计(分度值1℃)、量桶、直尺、烘箱。

E.2.2 材料:沥青、水。

E.3 方法与步骤

E.3.1 根据经验和工程条件确定发泡温度,确定3个发泡用水量。一般情况下,发泡温度在160℃～180℃;发泡用水量可取1%、2%、3%。

E.3.2 将沥青加热至试验温度。

E.3.3 标定沥青喷射流量,设置计时器,使每次沥青喷射量为500g。

E.3.4 设定水流量计,使水流量达到要求的用水量。

E.3.5 制作泡沫沥青:将泡沫沥青喷射到加热至75℃的专用钢制量桶中,喷射结束后迅速按下秒表。

E.3.6 测定量桶内泡沫沥青最大高度,记录泡沫沥青衰减到最大体积一半时的时间,得出泡沫沥青的膨胀率和半衰期。每个工况平行试验3次,取平均值作为试验结果。

E.3.7 绘制膨胀率、半衰期随用水量的变化曲线图,确定容许膨胀率对应的用水量 m_1

和容许半衰期对应的用水量 m_2 ,取平均值作为最佳发泡用水量 m_{opt} 。

$$m_{opt} = (m_1 + m_2)/2 \qquad\qquad (E.3.7)$$

E.3.8 试验用水量范围内的膨胀率、半衰期不能达到表4.4.1要求的,应改变试验温度重新试验;仍不能满足要求的,应调整沥青品种、标号或者采用其他技术措施后重新试验,直至满足要求。

附录 F 再生混合料设计参数参考值

F.0.1 沥青路面结构设计中,再生层材料的设计参数应采用工程实际使用材料的实测参数。

F.0.2 路面结构设计时,在尚无试验数据情况下,可参照以下规定确定设计参数。

1 厂拌热再生、就地热再生、使用水泥石灰的全深式就地冷再生,按照《公路沥青路面设计规范》(JTG D50—2006)附录 E 确定设计参数。

2 使用乳化沥青、泡沫沥青的厂拌冷再生、就地冷再生按照表 F.0.2 确定设计参数。

表 F.0.2 冷再生材料设计参数

级配类型	抗 压 模 量(MPa)		15℃劈裂强度(MPa)
	20℃	15℃	
粗粒式	800 ~ 1 200	1 000 ~ 1 400	0.4 ~ 0.5
中粒式	1 000 ~ 1 400	1 400 ~ 1 800	0.4 ~ 0.6
细粒式	1 000 ~ 1 400	1 400 ~ 1 800	0.5 ~ 0.7

本规范用词说明

对执行规范条文严格程度的用词,采用以下写法:

1 表示很严格,非这样做不可的用词:

正面词采用"必须",反面词采用"严禁"。

2 表示严格,在正常情况下均应这样做的用词:

正面词采用"应",反面词采用"不应"或"不得"。

3 表示允许稍有选择,在条件许可时首先应这样做的用词:

正面词采用"宜",反面词采用"不宜"。

4 表示有选择,在一定条件下可以这样做的,采用"可"。

附件

《公路沥青路面再生技术规范》

（JTG F41—2008）

条 文 说 明

1　总则

1.0.1　公路交通是资源占用型和能源消耗型行业,是我国能源资源消耗大户。近年来,我国公路交通发展面临的资源和环境形势日趋严峻,要求深入贯彻科学发展观,落实节约资源基本国策,转变交通运输的增长方式,将"人与自然和谐"的理念贯穿到公路建养的各个环节,走资源节约、环境友好的交通发展之路,使交通事业切实转入全面协调可持续发展的轨道。

公路建设需要消耗大量的筑路材料,公路养护产生大量的废旧路面材料。将废旧路面材料再生循环应用于公路基础设施建设和养护,变废为宝,形成一个符合循环经济模式的产业链,可以避免废弃材料堆放对土地的占用和对环境的污染,可以减少对石料、沥青、水泥的需求,降低筑养路成本,是实现公路交通可持续发展的重要举措。

伴随着我国大量公路沥青路面的翻修、重建和改扩建,沥青路面再生技术逐步在公路建设和养护工程中广泛应用。相信本规范的发布实施,对进一步提高沥青路面再生技术水平,保证工程质量将发挥重大作用。

1.0.3　本条规定了我国沥青路面再生应用技术的分类。

沥青路面再生技术不是单一的技术,而是一类技术的总称。各国的分类方式不完全相同。

美国沥青再生协会(ARRA)将沥青路面再生分为 cold planning(冷铣刨,CP)、hot recycling(热再生)、hot in-place recycling(就地热再生,HIR)、cold recycling(冷再生,CR)、full depth reclamation(全深式再生,FDR)等 5 种技术,其中冷再生(cold recycling)包括厂拌冷再生(CCPR)和就地冷再生(CIR)两种类型。但是这种分类方法和我国的一般认识不完全相同,同时也不十分科学。首先,冷铣刨得到的回收沥青路面材料(RAP)可以用于再生,但是本身并不是独立的再生技术;其次,全深式再生可以包含在就地冷再生中,只是在再生深度范围内包含了非沥青材料的基层。

因此,本规范将沥青路面再生技术分为 4 类,分别是:厂拌热再生、就地热再生、厂拌冷再生、就地冷再生,其中就地冷再生分为沥青层就地冷再生和全深式就地冷再生两种方式。

各种沥青路面再生技术有不同的适用场合,并各有其优缺点:

(1)厂拌热再生技术成熟,技术难度小,适用范围广,质量控制比较简单,是目前全球范围内应用最为广泛的再生技术。但是,厂拌热再生的回收沥青路面材料(RAP)掺配比例相对较低。

（2）就地热再生实现了回收沥青路面材料（RAP）的全部再生利用,但是它的再生深度有限,适用范围较窄,一般只推荐用于路面的预防性养护。

（3）厂拌冷再生混合料性能较好,对回收沥青路面材料（RAP）质量要求较低,适用范围较广,但是一般不能直接用作表面层。

（4）就地冷再生实现了回收沥青路面材料（RAP）的全部再生利用,对回收沥青路面材料（RAP）质量要求较低,价格便宜,但是再生层一般不能直接用作表面层。

2 术语、符号

2.1.3 厂拌热再生在国外通常称为 hot recycling，这是由于就地热再生技术出现较晚，热再生技术最初仅是指厂拌热再生。为了更好地区分就地热再生和厂拌热再生，本规范将厂拌热再生的英文名称定为 central plant hot recycling。

2.1.4 按照美国沥青再生协会的分类，就地热再生可以分为表层再生(surface recycling)、复拌再生(remixing)、加铺再生(repaving)3 种。三者的主要差别是，表层再生只掺加再生剂而不掺加新集料或者新混合料，再生时可以铣刨翻松也可以耙松；复拌再生需要掺加新集料或者新混合料，并将新集料或者新混合料与铣刨的原路面材料进行重新拌和、摊铺(图 2-1)；加铺再生是在对原路面进行再生的同时，在再生层上加铺薄层沥青罩面(图 2-2)。

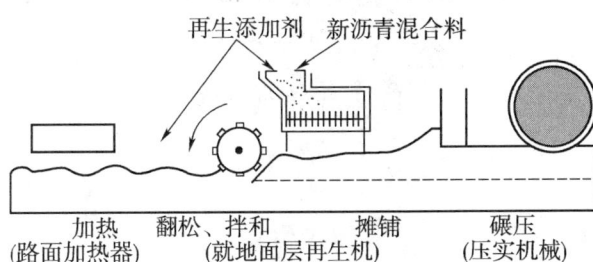

图 2-1 复拌再生示意图

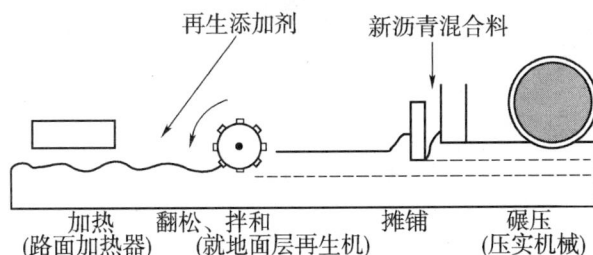

图 2-2 加铺再生示意图

由于表层再生只掺加再生剂而不掺加新集料和新沥青，不调整回收沥青路面材料(RAP)级配，再生后的混合料性能一般不够理想，在国外很少使用。针对我国目前的实际路面情况，很难找到表层再生适用的工程对象，因此表层再生暂时不列入本规范。

上述就地热再生方式均指采用热铣刨，国外还有采用冷铣刨的就地热再生，但是由于目前在我国应用很少，本规范暂未作规定，有关单位可根据实际情况进行试验研究，成功后可以应用。

2.1.11 对于热再生混合料而言,由于回收沥青路面材料（RAP）中的旧沥青在加热状态下能够较好地与新沥青融合,回收沥青路面材料（RAP）中的集料可以相对独立地发挥集料的作用,因此混合料级配设计采用回收沥青路面材料（RAP）中的矿料和新矿料的合成级配;冷再生混合料中,回收沥青路面材料（RAP）中的沥青没有热熔的过程,回收沥青路面材料（RAP）颗粒主要是作为"黑色集料"发挥作用,因此混合料级配设计采用回收沥青路面材料（RAP）与新矿料的合成级配。

2.1.12 乳化沥青、泡沫沥青中的沥青颗粒也会起到润滑作用,因此,冷再生混合料的最佳含水率会随着乳化沥青、泡沫沥青含量的不同而改变。

2.1.14～2.1.16 泡沫沥青以膨胀率（maximum expansion ratio）及半衰期（half time）来描述发泡特性（图2-3）。为了使泡沫沥青与常温集料拌和均匀,泡沫沥青的膨胀率应尽量大,半衰期则尽量长。

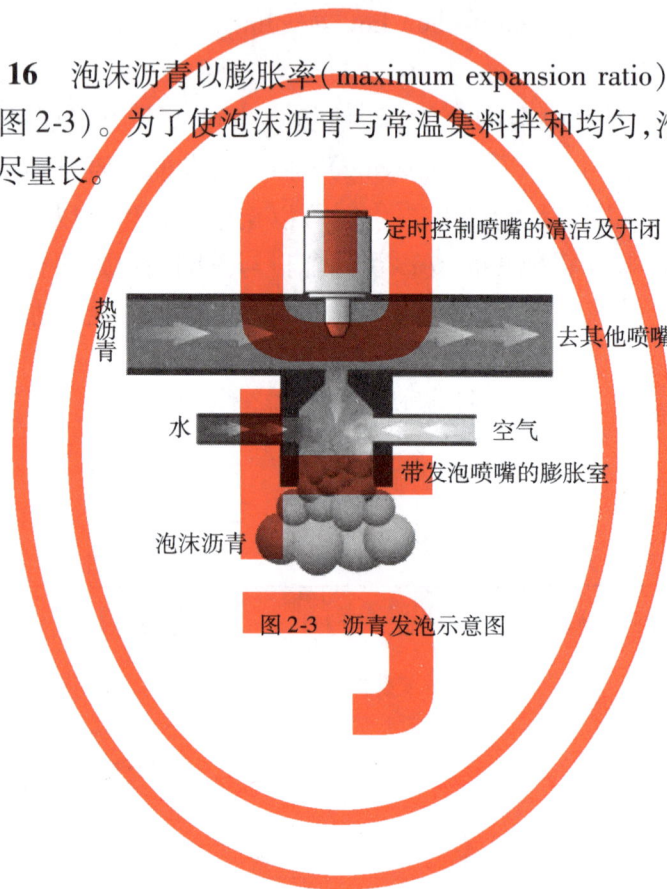

图2-3　沥青发泡示意图

3　原路面调查及分析

3.1.1　进行详尽细致的路况调查和分析,是确定是否选择再生、选择何种再生、确定具体再生工艺的重要依据,应高度重视。

3.3.1　路面 PCI、IRI、SSI、车辙深度等指标可以宏观反映路面状况,是确定是否使用某种路面再生技术的重要依据,但是仅掌握这些数据往往还不够,必要时应进行分层分析。

4 材料

4.1.2 回收沥青路面材料(RAP)的变异性往往较大,这是造成再生工程质量缺陷的重要原因之一。因此,为了保证工程质量,应采取必要的技术措施降低回收沥青路面材料(RAP)的变异性。

4.1.3 与普通的石料相比,回收沥青路面材料(RAP)更容易吸附水分,造成加热升温难度大,因此应采取严格的防水措施。

4.2.1 不同的道路石油沥青具有不同的发泡性能,目前还没有发现沥青物化性能指标与沥青发泡性能间的相关关系,各项指标满足要求的沥青不一定能制作出好的泡沫沥青。因此,在选择使用泡沫沥青前应对备选沥青进行发泡试验。

4.3.1 本规范冷再生用乳化沥青的质量要求是在现行《公路沥青路面施工技术规范》(JTG F40)中 BC-1 型乳化沥青技术要求的基础上,参考美国 ASTM 技术标准、国内乳化沥青冷再生工程实际经验等提出的,指标变化主要包括:提高了蒸发残留物含量的要求;用赛波特黏度指标取代沥青标准黏度。

需要特别说明的是,不同来源的石料和回收沥青路面材料(RAP)的化学活性差异较大,与不同乳化沥青的配伍性也有较大差别,表4.3.1的乳化沥青要求只是满足冷再生工程需要的必要条件而不是充分条件,必须在满足这一要求的基础上进行有针对性的乳化沥青配方设计。

4.3.2 厂拌冷再生,由于存在混合料的运输过程,往往需要有较长的可操作时间,因此宜使用慢裂型乳化沥青。

4.3.3 乳化沥青温度过高,会造成过快破乳,造成不必要的施工问题。

4.4.1 在热沥青中加入少量的水,水会急剧汽化使沥青大量发泡而产生体积膨胀,这种状态的沥青因为低黏度而具有拌和所需的工作性。泡沫沥青就是利用沥青发泡后黏度的降低实现与集料的常温拌和。

沥青的发泡特性用膨胀率和半衰期表征。为了使泡沫沥青与冷料拌和均匀,泡沫沥青应有合适的膨胀率和半衰期,应在足够长的半衰期前题下,选择较大的膨胀率。一般而言,膨胀率小于5倍,半衰期小于5s,则应认定沥青发泡特性不良;而膨胀率大于10倍,半衰期8s以上的泡沫沥青则认为具有较优良的发泡性能。

在应用泡沫沥青冷再生技术之前,应对使用的沥青进行发泡性能试验,以确定沥青的最佳发泡条件,即确定在何种温度、用水量条件下,沥青的发泡性能最好。在泡沫沥青冷再生技术应用中,应经常对沥青的发泡温度、膨胀率和半衰期等指标进行检测,保证沥青的发泡性能。

4.5.1 美国、英国、日本等众多国家均提出了再生剂的质量标准(表4-1、表4-2)。为适应我国的实际需要,参照美国、日本再生剂标准,制定了表4.5.1的"热拌沥青混合料再生剂质量要求"。

表4-1 美国ASTM热拌沥青混合料再生剂标准

检验项目	试验方法	RA-1	RA-5	RA-25	RA-75	RA-250	RA-500
60℃黏度 cSt	D2170 or D2171	50~175	176~900	901~4 500	4 501~12 500	12 501~37 500	37 501~60 000
闪点(℉)	D92	425	425	425	425	425	425
饱和分含量(%)	D2007	≤30	≤30	≤30	≤30	≤30	≤30
薄膜烘箱试验前后黏度比	D2872 or D1754	≤3	≤3	≤3	≤3	≤3	≤3
薄膜烘箱试验后质量损失(%)	D2872 or D1754	≥-4,≤4	≥-4,≤4	≥-3,≤3	≥-3,≤3	≥-3,≤3	≥-3,≤3

表4-2 日本再生剂质量标准

技 术 指 标	试 验 方 法	质 量 标 准
黏度(s)	JIS K 2283	80~100
闪点(℃)	JIS K 2265	>230
薄膜烘箱老化试验后黏度比(60℃)	JIS K 2283	<2.0
薄膜烘箱老化试验后质量损失(%)	JIS K 2207	≥-3,≤3
相对密度	JIS K 2249	实测记录
组分分析	—	实测记录

旧沥青中沥青质含量较高,再生剂必须具有溶解与分散沥青质的能力,旧沥青中沥青质含量越高,要求再生剂溶解与分散沥青质的能力越高。饱和分与沥青质是不相容的,是沥青质的促凝剂。因此,美国ASTM再生剂标准中,引入饱和分的比例这项指标。日本虽然没有提出这项指标,但是也要求进行组分分析。与饱和分的作用相反,芳香分具有溶解和分散沥青质的能力,因此再生剂中应有较多的芳香分。

4.5.2 目前再生剂产品良莠不齐,对多种再生剂产品的试验研究表明,一些再生剂的耐老化性能较差。美国与日本的再生剂质量标准中,均采用RTFOT或TFOT之后的残留物质量变化、黏度比评价再生剂耐短期老化的性质。但是再生剂不仅在热拌沥青混合料生产、施工过程中受到短期老化影响，而且铺筑到路面上以后，还要长期受到大气等自然因素的作用，再生剂的长期性能同样应该受到足够的重视。美国 SHRP 仪器在中国的推广应用，为评价再生剂的长期耐老化性能提供了试验基础。建议有条件的单位宜对再生剂的长期耐老化性能进行评价。

4.9.2 对回收沥青路面材料（RAP）进行塑性指数的检测，主要目的是为全深式就地冷再生中水泥、石灰的选择提供依据。

5 再生混合料设计

本规范的再生混合料设计方法和设计指标是基于马歇尔方法提出的。目前,SUPER-PAVE、GTM 等各种新型沥青混合料设计方法在我国的应用逐步增多,当采用新型方法进行冷再生混合料设计时,应按本规范规定的马歇尔方法进行检验,并报告不同设计方法各自的试验结果。

5.1.2 回收沥青路面材料(RAP)在再生混合料中到底是作为"黑色集料"还是作为沥青混合料对待,一直是工程技术人员困惑和争论的问题。实际情况是这两种因素同时存在,有的情况下前者更为突出,有的情况下后者更为明显。一般来说,在热再生混合料中,沥青老化越严重,回收沥青路面材料(RAP)越接近黑色石料;在冷再生混合料中,回收沥青路面材料(RAP)材料更宜作为"黑色集料"处理。

(1)在热再生中,回收沥青路面材料(RAP)中的旧沥青会在拌制和施工过程中与新沥青融合。美国国家公路合作研究项目"应用 SUPERPAVE 进行再生沥青路面设计(NCHRP 9-12)"的研究表明,在回收沥青路面材料(RAP)掺量 10% ~40% 的范围内,再生混合料的高温、疲劳、低温性能评价试验结果都证明旧沥青与新沥青之间确实具有混合效应,并影响作为再生混合料黏结料的混合沥青性能。随着回收沥青路面材料(RAP)含量的增加,旧沥青性能对于混合沥青性能影响的效应逐渐增加。

(2)在冷再生施工过程中,回收沥青路面材料(RAP)没有经过加热,回收沥青路面材料(RAP)中的沥青难以与新添加的乳化沥青、泡沫沥青有效混合,因此回收沥青路面材料(RAP)更像是"黑色集料"。但是,冷再生混合料在施工完成后,回收沥青路面材料(RAP)中的旧沥青与新沥青之间会有一个漫长的互相融合的过程,因此回收沥青路面材料(RAP)并不能完全等同于集料。

5.2.1 美国国家公路合作研究项目"应用 SUPERPAVE 进行再生沥青路面设计(NCHRP 9-12)"的研究认为,在设计和生产热拌再生混合料时,在回收沥青路面材料(RAP)掺量 10% ~40% 的范围内,再生混合料的高温、疲劳、低温性能评价试验结果都证明旧沥青与新沥青之间确实具有混合效应,并影响作为再生混合料黏结料的混合沥青性能。随着回收沥青路面材料(RAP)含量的增加,旧沥青性能对于混合沥青性能影响的效应逐渐增加。一般来说,回收沥青路面材料(RAP)用量在 10% ~20% 之间时,旧沥青的混合效应可以忽略不计,从而可以简化再生混合料的设计与生产。NCHRP 9-12 的研究成果表明:

(1)在回收沥青路面材料(RAP)掺量不超过 40% 的范围内,再生混合料的高温性能优于非再生混合料,回收沥青路面材料(RAP)比例越大,高温性能改善越多。

(2)在回收沥青路面材料(RAP)掺量不超过40%的范围内,再生混合料的疲劳性能略低于非再生混合料。

(3)在回收沥青路面材料(RAP)掺量不超过40%的范围内,再生混合料的低温性能劣于非再生混合料,回收沥青路面材料(RAP)掺量越大,低温性能损失越多。

国内有关单位对厂拌热再生混合料的研究得出了与 NCHRP 9-12 相同的结论,而且对厂拌热再生混合料的水稳定性的研究结果表明,在回收沥青路面材料(RAP)掺量不超过40%的范围内,热再生混合料的水稳定性略低于非再生混合料。但是只要回收沥青路面材料(RAP)掺量合理,新材料选择适当,再生混合料配合比设计恰当,热再生混合料的路用性能完全能够满足非再生混合料的相关质量要求。厂拌热再生混合料未经长期老化时其疲劳性能低于非再生混合料,且回收沥青路面材料(RAP)掺量越高其疲劳性能损失越多。但经过长期老化之后,回收沥青路面材料(RAP)再生混合料的疲劳性能与非再生混合料无明显差异。

5.4.2 本规范的乳化沥青冷再生混合料级配范围是在综合考虑美国沥青协会(AI)、美国沥青再生协会(ARRA)、ASTM、欧洲部分国家对厂拌冷再生混合料的级配要求,以及我国乳化沥青冷再生工程实际的基础上提出的。水泥等活性填料外掺,不计入矿料级配。

美国沥青协会(AI)厂拌冷再生混合料级配范围见表 5-1。

表 5-1　AI 厂拌冷再生混合料级配范围

粒径(mm)	质量通过率(%)						
	开级配			密级配			
	A	B	C	D	E	F	G
37.5	100			100			
25.0	95~100	100		80~100			
19.0	—	90~100		—			
12.5	25~60	—	100		100	100	100
9.5	—	20~55	85~100	—	—	—	—
4.75	0~10	0~10	—	25~85	75~100	75~100	75~100
2.36	0~5	0~5					
1.18	—	—	0~5	—	—	—	—
0.6	—	—	—	—	—	—	—
0.3	—	—	—	—	—	—	—
0.15	—	—	—	—	—	15~30	15~65
0.075	0~2	0~2	0~2	3~15	0~12	5~12	12~20

美国沥青再生协会(ARRA)厂拌冷再生混合料级配范围见表 5-2。

表 5-2　ARRA 厂拌冷再生混合料级配范围

粒径(mm)	质量通过率(密级配,%)			
	A	B	C	D
37.5	100			
25.0	90～100	100		
19.0	—	90～100	100	
12.5	60～80	—	90～100	100
9.5	—	60～80	—	90～100
4.75	25～60	35～65	45～75	60～80
2.36	15～45	20～50	25～55	35～65
1.18	—	—	—	—
0.6	—	—	—	—
0.3	3～20	3～21	6～25	6～25
0.15	—	—	—	—
0.075	1～7	2～8	2～9	2～10

美国 ASTM 厂拌冷再生混合料级配范围见表 5-3。

表 5-3　ASTM 厂拌冷再生混合料级配范围

粒径(mm)	质 量 通 过 率(%)						
	D1	D2	D3	D4	D5	D6	D7
63.0	100						
50.0	90～100	100					
37.5	—	90～100	100				
25.0	60～80	—	90～100	100			
19.0	—	56～80	—	90～100	100		
12.5	35～65	—	56～80	—	90～100	100	
9.5	—	—	—	56～80	—	90～100	100
4.75	17～47	23～53	29～59	35～65	44～74	55～85	80～100
2.36	10～36	15～41	19～45	23～49	28～58	32～67	65～100
1.18	—	—	—	—	—	—	40～80
0.6	—	—	—	—	—	—	25～65
0.3	3～15	4～16	5～17	5～19	5～21	7～23	7～40
0.15	—	—	—	—	—	—	3～20
0.075	0～5	0～6	1～7	2～8	2～10	2～10	2～10

5.4.3　目前全球范围内还没有统一的、得到普遍认可的冷再生混合料设计方法和技术要求。本规范采用马歇尔击实成型试件,用劈裂强度和马歇尔稳定度指标进行混合料性

能评价。本规范鼓励各单位采用旋转压实方法进行冷再生混合料设计检验，积累工程数据。

美国部分州的乳化沥青冷再生混合料设计指标要求如下：

（1）蒙大拿州：试件成型方法为 1.25°、600kPa 旋转压实 30 次，要求 40℃马歇尔稳定度不低于 1250lb（5.56kN），残留稳定度不小于 70%，进行低温劈裂强度试验，抗磨耗试验不超过 2%。

（2）爱荷华州：同蒙大拿州。

（3）得克萨斯州：试样成型方法为 1.25°、600kPa 旋转压实 40 次，要求维姆稳定度不低于 15，浸水 24h 残留维姆稳定度不低于 80%。

在路面结构层中，乳化沥青（泡沫沥青）稳定的冷再生混合料材料层可能会在车辆荷载作用下产生拉应力，因此设计指标提出了劈裂强度的要求。此外，一般认为设计良好的厂拌冷再生混合料除水稳定性之外，其他各项性能与常规的热拌沥青混合料相当。这就要求冷再生混合料应高度重视其水稳定性指标，因此将劈裂强度、TSR 作为设计指标。

如果冷再生混合料的空隙率过高，混合料的性能，特别是强度和抗水损害能力较差。因此，在冷再生混合料的设计中，应充分重视混合料的空隙率。美国 AASHTO 提出的设计方法要求冷再生混合料的空隙率是 9%～14%。本规范中借鉴了该规定，并结合国内相关工程的实际应用情况，建议设计空隙率宜控制在 12% 以下。

5.5.2、5.5.3 由于泡沫沥青依赖细料得以分散，因此泡沫沥青冷再生混合料性能对矿料级配中 0.075mm 的通过率比较敏感，要求有充足的细料，否则难以达到满意的路用性能。

水泥等活性填料外掺，不计入矿料级配。

5.6.2、5.6.3 无机结合料稳定类的再生混合料，其级配范围和混合料性能要求参照《公路路面基层施工技术规范》（JTJ 034—2000）提出。

采用水泥、石灰稳定无法有效发挥沥青材料的作用，而且当沥青材料比例稍大后，再生混合料强度指标可能难以达到相应的技术要求，因此，无机结合料稳定类的全深式就地冷再生一般仅推荐用于薄沥青路面的就地再生利用。

6 沥青路面厂拌热再生

典型的沥青混合料厂拌热再生原理是,旧沥青在加热、拌和过程中逐渐从回收沥青路面材料(RAP)旧集料中分离出来,并部分地裹覆到新的集料表面,新加入的沥青在新、旧集料上均匀分布,从而使再生混合料中的沥青各个组分趋于均匀。

第一步,回收沥青路面材料(RAP)中旧集料的表面裹覆了已经老化的旧沥青。此时加入热的新集料,在加热的环境中,旧集料的温度逐渐升高。

第二步,当旧集料表面温度达到沥青融化温度时,表面的旧沥青开始软化、熔融,并在与新的热集料的拌和过程中,旧沥青的一部分转移到新集料的表面,同时新、旧集料的温度也趋于一致。一般情况下,该过程结束时,新、旧集料的温度应有130℃～150℃,旧沥青裹覆在新、旧集料表面的薄膜也趋于均匀。

第三步,按预定的比例,加入新沥青(或新沥青与再生剂),在搅拌过程中,新沥青(或新沥青与再生剂)将均匀地裹覆到新、旧集料的表面,同时与原有的旧沥青紧密结合。由于新、旧集料,新沥青(或新沥青与再生剂)和旧沥青的温度已经一致,约达到150℃～160℃,新沥青(或新沥青与再生剂)与旧沥青的界面间发生了渗透和交换,集料表面最后的沥青膜是由混合均匀的新旧沥青(或新旧沥青与再生剂)组成的,旧沥青的成分和性能得到改善,再生得以进行。

第四步,添加预定数量的矿粉,吸附沥青,形成合理厚度的沥青膜,最后再经过一段时间的搅拌,沥青混合料进一步搅拌均匀,同时新旧沥青进一步调和均匀,最终得到与新沥青混合料品质相当的再生混合料。

6.1.2 厂拌热再生混合料中回收沥青路面材料(RAP)的掺配比例取决于再生混合料的性能要求与拌和设备的类型。一般而言,回收沥青路面材料(RAP)与新材料的典型掺配比例为10:90～30:70;采用连续式拌和设备,回收沥青路面材料(RAP)与新材料的掺配比例最大可达50:50。实践证明,回收沥青路面材料(RAP)的使用比例≤20%是最成熟的技术,优先推荐使用;如果回收沥青路面材料(RAP)的老化程度较轻[针入度≥30(0.01mm)]、质量变异性控制较好、生产设备的生产能力允许,则回收沥青路面材料(RAP)的使用比例可以放宽至30%。回收沥青路面材料(RAP)掺配比例超过以上规定,则需要进行室内试验与试验段验证,并通过专家论证后方可使用。

旧沥青再生就是根据生产调和沥青的原理,在旧沥青混合料中添加低黏度的软沥青或再生剂,使调配后的再生沥青具有适合的黏度,并满足相应的路用性质。当回收沥青路面材料(RAP)中旧沥青含量很低、沥青严重老化时[针入度<10(0.01mm)],旧沥青与新沥青由于性质相差悬殊,很难相容。因此,对于沥青老化严重的回收沥青路面材料

（RAP），不推荐进行厂拌热再生。

6.3.1、6.3.2 若条件允许,宜对回收沥青路面材料(RAP)分批次破碎,以利于保持石料级配稳定。破碎后的回收沥青路面材料(RAP)宜筛分成粗细两三档材料,一般可以筛分成 0～5mm 的细回收沥青路面材料(RAP)以及 5mm 以上的粗回收沥青路面材料(RAP),也可以根据回收沥青路面材料(RAP)的情况以及再生沥青混合料的最大粒径,将粗回收沥青路面材料(RAP)部分筛分成两种规格,根据拌和设备的实际情况,以便于质量控制与不明显降低生产能力为原则。

6.3.4 回收沥青路面材料(RAP)在堆放一段时间后,回收沥青路面材料(RAP)料堆表面会形成 20cm 左右厚度的硬壳。取料时,应首先铲除料堆表层的硬壳。

6.3.5 使用回收沥青路面材料(RAP)时应在料堆全高范围内铲料,以减小材料的变异性。

6.4.3 为了生产厂拌再生混合料,沥青拌和设备需要根据再生工艺要求进行必要的改装。

为了提高再生混合料质量,连续式沥青混凝土拌和设备可以增加一套"集料预分级处理系统",使连续式沥青混凝土拌和设备的功能得以提升,具有与间歇式搅拌设备一样的集料"二次筛分"功能,从而拌制出符合级配要求的再生混合料。

厂拌热再生混合料拌制过程中,应保证有充足的拌和时间,使新旧沥青可以充分融合。

6.5.1、6.5.3 再生混合料的劲度一般要高于普通的热拌沥青混合料,适宜的摊铺温度和碾压温度也应适当提高。

6.7.1 厂拌热再生中回收沥青路面材料(RAP)的含水率不能过高,否则会造成回收沥青路面材料(RAP)加热效率低,并可能影响再生混合料的性能。

回收沥青路面材料(RAP)掺量小于 20% 的热再生混合料,施工用的级配控制范围应严格按照普通热拌沥青混合料的相应标准执行。回收沥青路面材料(RAP)掺量超过 20% 的厂拌热再生混合料,如果生产过程中不能满足施工级配质量控制的要求,建议加强回收沥青路面材料(RAP)的管理或降低回收沥青路面材料(RAP)掺量。如果需要调整施工级配允许波动范围,应进行相关的混合料试验验证与试验段验证。

7 沥青路面就地热再生

就地热再生采用的再生设备不同,再生工艺也就会有明显差异。本章规定的就地热再生实际上是针对采用热铣刨工艺的就地热再生,国外还有采用冷铣刨工艺的就地热再生,但是由于目前国内还没有使用经验,因此本规范暂未规定。国内各单位使用冷铣刨工艺的就地热再生时,可以在参照本规范和相关文献的基础上制订专门的技术手册。

鼓励各就地热再生技术应用单位根据实际情况,在本规范的基础上建立适合工程实际的指南或者手册。

7.1.1、7.1.2 沥青路面就地热再生作为一种沥青路面预防性养护技术,可以修复的路面病害是有限的,且再生不会对路面结构强度起到明显改善作用,应特别注意其适用的技术条件。

我国现阶段不少沥青路面已经出现比较严重的病害后才进行维修,往往错过了预防性养护的最佳时机。研究表明,沥青路面表层的沥青老化到 25℃针入度为 30 ~ 35(0.01mm)后,路面开始出现加速破坏,此时应及时进行路面再生。

7.1.4 原路面上铺有稀浆封层、微表处、超薄罩面、碎石封层,采用就地热再生时会存在两个问题:一是再生混合料的级配可能会难以调整到良好级配范围;二是再生时加热会很困难,很难穿透封层将热量均匀地传递下去,从而影响再生质量。

7.1.5 改性沥青路面就地热再生的施工温度较高、难度较大,改性沥青的再生效果如何,情况较为复杂,国内外工程实例相对较少,因此建议采用就地热再生前先进行专门的论证。

7.2.2 就地热再生准备工作量大,其中原路面病害调查及评价工作尤为重要。

由于就地热再生工艺的局限性,相当一部分路面病害是无法用就地热再生工艺修复的。就地热再生施工前必须进行预处理,使局部不适合就地热再生的路面达到适合就地热再生应用条件,这是保证就地热再生施工质量的关键之一。

7.2.3 桥梁伸缩缝和井盖等会影响就地热再生连续施工,伸缩缝和井盖两端的热再生质量很难保证,因此建议事先用铣刨机进行预处理。

7.3.2 原路面的充分加热是保证沥青路面就地热再生工程质量的关键因素之一:再生

剂必须在适宜的温度条件下才能对原路面沥青进行良好的分散和溶解,发挥良好的再生效果;再生混合料要有足够的温度才能有良好的施工性能,否则将会出现摊铺离析;再生混合料要有足够的温度才能被充分压实,否则再生路面将出现水损坏等一系列病害。

原路面加热效果与多个因素有关,在加热设备和加热工艺不变的情况下,原路面的含水率和油石比的影响尤为突出。

根据加热机的不同,加热方式可分为一步法和多步法两种:

一步法:配置的多台加热机只有加热功能,没有铣刨功能。原路面经多台加热机一次性加热到足够的温度,然后由再生复拌机一次完成铣刨。一步法加热方式速度稍慢一点,但对旧沥青老化较轻,对碎石破坏也小。

多步法:配置的多台加热机中,一般第一台或第一、第二台无铣刨功能,只能加热原路面(也称预热机),第二或第三台为带铣刨功能的加热机,原路面分次加热,分次铣刨,每次铣刨的深度一般为20mm左右,最后由再生复拌机完成最后的铣刨深度。多步法加热效率稍高,再生深度也稍大,但对旧沥青老化较严重,对碎石破坏也要大;多步法加热方式对旧沥青路面内部水分的蒸发有利。

7.3.3 路面铣刨有时会出现铣刨面处碎石没有或只有很少的沥青裹覆的情况,以及大量没有沥青裹覆的细集料散落在铣刨面上的情况,这会使得再生混合料与中面层难以有效黏结,造成再生面层滑移或剪切破坏。

再生层与其下承层的黏结是否良好是关系到再生路面质量好坏极其重要的因素之一。为了保证层间黏结,提出了铣刨面温度的要求。

7.3.4 再生设备不同,再生剂的喷洒方式会有所不同。无论采用什么样的喷洒方式,再生剂都应首先与旧沥青混合料混合,而且必须保证再生剂与旧沥青混合料混合均匀,然后再与新沥青混合料混合。

再生剂用量要控制准确,施工过程中应特别注意铣刨深度的变化,随深度变化实时调整再生剂的用量,确保再生质量。原路面均匀性较差时,也应随原路面含油量变化适时调整再生剂的用量。现场控制再生剂用量应以室内试验数据为指导,经验判断为辅的综合控制方式。再生剂用量的准确控制与否是再生工程质量好坏的重要指标。施工中再生剂用量的准确控制也相对困难,应多积累经验,多做试验,采用试验加经验的方式控制。

有些再生复拌机的铣刨装置带有深度自动控制系统,可自动控制铣刨深度和确保铣刨深度的均匀性;有些再生复拌机的铣刨装置靠手动液压杆控制,铣刨深度时常会变化,应注意及时调整。无论设备性能如何,均应派专人负责,使铣刨厚度尽可能均匀。

监控铣刨深度可从直观的铣刨深度、熨平板前再生混合料堆积量变化情况和再生混合料摊铺的厚度三者综合判断,有预见性地发现铣刨深度变化的趋势,提前调整纠正。

7.3.5 根据再生设备的不同,控制好施工速度,确保再生拌和均匀。

7.4　再生混合料的摊铺要避免离析。离析往往与设备、再生混合料的摊铺温度有关。

7.5　再生混合料黏度往往较新沥青混合料大,再生时温度往往又不够高,而且降温较快,因此碾压时应采用大吨位压路机,紧跟碾压。

7.6　尽管再生混合料摊铺温度不如新沥青混合料高,但由于其下承层往往也被加热到一定的温度,再生路面被压实后其降温速度较慢,要控制开放交通的温度。特别是夏季高温时节,可采用洒水降温。

7.7、7.8　再生路面质量控制和检查验收通常按现行沥青路面规范执行,但由于再生工艺本身的特点,对再生路面的纵坡、横坡不作硬性要求,只作参考指标。
　　对就地热再生平整度要求较高时,建议采用摊铺机进行摊铺。

8 沥青路面厂拌冷再生

8.1.1 本条规定的厂拌冷再生适用范围根据工程应用经验总结而定。根据工程实际情况,应用单位可以在充分论证且成功应用的基础上适当突破。

8.1.3 单层冷再生层压实厚度过大,不利于冷再生层的压实,尤其是下部混合料。需要增加单层压实厚度时,应科学选择压实机具,进行有针对性的压实工艺设计,确保再生层的压实度满足要求,最大压实厚度由试验确定。满足压实度要求的再生层,除平均压实度应达到要求外,表层50mm和底部50mm的密度差应小于2%。

冷再生混合料的最大粒径较大,材料级配的变异也相对较大,厚度过薄,混合料容易产生离析,难以压实,再生层的质量难以保证。每层压实厚度不宜小于60mm,一般建议控制在80mm以上。

8.3.1 厂拌冷再生拌和设备通常不设置筛分装置,回收沥青路面材料(RAP)和新集料的用量由料仓料门开度和冷料输送带速度调整来控制。拌和设备应设置乳化沥青和水的精确计量装置。

冷再生混合料的拌和时间应保证拌和均匀,但是并非越长越好。乳化沥青混合料若过度拌和,则粗集料表面的乳化沥青容易剥落下来,而且过度拌和可导致乳化沥青提前破乳。

厂拌冷再生混合料一般应遵循"即拌即用"的原则,尽快将再生混合料用于路面施工。否则,水泥的水化反应、乳化沥青的破乳等都会影响再生混合料的性能。

8.6.1 冷再生混合料的压实非常关键。在冷再生混合料的压实过程中,建议采用重型压实机具,在集料不破碎的情况下,尽量增大压实功。使用轮胎压路机对改善压实效果有很大帮助。

由于现场施工的压实功往往大于试验室的击实功,因此现场的最佳含水率比试验室确定的最佳含水率要低一些。压实度超100%是正常情况。

8.7 冷再生混合料中含有乳化沥青(泡沫沥青)、水泥、水等,碾压完成后需要进行一定时间的养生,形成初期强度。

一般而言,冷再生层宜在铺筑上面的结构层前养生7d以上,而实际所需的养生时间会由于温度、风力、湿度等天气条件的不同而有所不同。需要尽快铺装上层结构时,可以以再生层中的含水率降低至2%以下来控制养生时间;南方潮湿地区再生层含水率达到2%以下在短期内可能难以实现,可以以能够取出完整的芯样来控制养生时间。

8.8.2 冷再生层施工现场质量控制最关键的指标是压实度。

乳化沥青冷再生层,采用钻芯法取样或者灌砂法测定密度,然后根据混合料的最大理论密度确定再生层的压实度。

泡沫沥青冷再生层,采用钻芯法取样或者灌砂法测定密度,由于难以实测最大理论密度,因此采用室内重型击实标准的试验室密度作为标准密度确定压实度。由于室内试件击实成型的击实功和现场碾压的压实功相比要小,标准密度偏低,因此其压实度要求值比使用最大理论密度作为标准密度的乳化沥青冷再生层高。

9 沥青路面就地冷再生

9.1.1 本条规定的就地冷再生适用范围根据工程应用经验总结而定。

就地冷再生用于高速公路,欧美国家有成功范例,国内也进行了工程探索。例如,国内一些单位将高速公路的上部沥青层铣刨,然后将下部沥青层与部分半刚性基层进行就地冷再生,也有的只将半刚性基层进行就地冷再生。由于目前国内的数据还比较少,因此规定用于高速公路时应进行论证。

9.1.2 为了保证就地冷再生层的压实,再生层的下承层应该有充足的结构强度。

9.1.3 单层冷再生层压实厚度过大,不利于冷再生层的压实,尤其是下部混合料。需要增加单层压实厚度时,应科学选择压实机具,进行有针对性的压实工艺设计,确保再生层的压实度满足要求,最大压实厚度由试验确定。满足压实度要求的再生层,除平均压实度应达到要求外,表层50mm和底部50mm的密度差应小于2%。也可以选择双层再生,即首先将一定厚度内的表层材料铣刨,对下部路面结构进行就地冷再生,然后将铣刨的表层材料进行厂拌冷再生后摊铺。

9.1.4 一般情况下,使用水泥、石灰作为再生结合料的就地冷再生仅推荐用于薄沥青层的路面再生,这是基于以下考虑:

(1)使用无机结合料的全深式再生,对于旧沥青混合料而言不是再生而是再利用,旧沥青混合料中宝贵的沥青材料并没有发挥有效作用,甚至起到的是负面影响。

(2)旧沥青混合料中含有沥青,具有一定的柔性,研究表明,当旧沥青混合料在无机结合料稳定材料中所占的比例较大时,混合料的强度难以达到要求。

9.2.4 有条件的情况下,集料撒布应尽量采用集料撒布车;水泥、石灰等的撒布尽量采用水泥浆车。

9.3.1 沥青路面就地冷再生施工应采用流水作业法,使各工序紧密衔接,尽量缩短从拌和到完成碾压之间的延迟时间。

9.3.3 目前有的地方在使用水泥、石灰等进行就地冷再生时,采用类似于半刚性基层路拌法施工的工艺,即首先进行路面铣刨,接着撒布水泥、石灰,然后进行路拌,最后压实。

这种工艺对于再生设备的要求低,在二级及二级以下公路使用水泥、石灰作为再生结合料时是基本可行的。

9.6.2 使用水泥、石灰的全深式就地冷再生,养生方法参照《公路路面基层施工技术规范》(JTJ 034—2000)的相关规定提出要求。

附录 A　回收沥青路面材料(RAP)取样与试验分析

A.1.2　通过随机取样的方式获得有代表性样品用于回收沥青路面材料(RAP)的性能分析,是再生混合料配合比设计和性能验证重要的步骤,是正确设计再生混合料的基础。

对于不同的再生工艺,回收沥青路面材料(RAP)的现场取样方法是不同的:

(1)就地热再生中回收沥青路面材料(RAP)是通过热铣刨得到的,热铣刨过程中石料破损比冷铣刨要轻得多,因此回收沥青路面材料(RAP)取样适合使用路面切割方法或钻芯取样方法,不应采用铣刨机铣刨方法。

(2)厂拌热再生、厂拌冷再生适宜采用在回收沥青路面材料(RAP)料堆取样,现场取样仅仅是为了工程前期工作需要时采用。

(3)沥青层就地冷再生、全深式就地冷再生的施工过程均采用冷铣刨,因此适合使用小型铣刨机铣刨方法获取回收沥青路面材料(RAP)样品。通常情况下,小型铣刨机铣刨得到的回收沥青路面材料(RAP)的级配比实际施工时的偏细一些。

为了保证试样的代表性,还必须保证取样点数量。表 A-1 列出了美国几个州的取样频率和取样数量。

表 A-1　美国旧料分析取样频率和数量

州	取样频率	取样数量
亚利桑那	3 个芯样/1.6 车道公里	150mm 直径,贯穿结构全深度
佛罗里达	1 组 3 个芯样/1.6 车道公里,每车道至少两组芯样	150mm 直径,贯穿结构全深度
堪萨斯	3 个芯样/1.6 车道公里,至少 30 个芯样	100mm 直径,贯穿结构全深度
内华达	1 个芯样/750 车道米	100mm 直径,贯穿结构全深度
得克萨斯	10 个芯样/项目	150mm 直径,贯穿结构全深度
威斯康星	1 个芯样/800m	至少 230cm^2
怀俄明	2 个芯样/km	150mm 直径,贯穿结构全深度

A.2　回收沥青路面材料(RAP)料堆在堆放一段时间后表面会结壳,取样时应将其剥离。

A.4.1　就检测回收沥青路面材料(RAP)含水率本身而言,材料温度 105℃ 也是可行的,但是考虑到后续的级配和沥青含量等试验,试验温度调整为 60℃。

A.4.2　回收沥青路面材料(RAP)的 0.075mm 通过率一般很小,因此采用干筛法。如果 0.075mm 通过率较大,应采用湿筛法。

A.4.4 建议采用阿布森法从沥青混合料中回收沥青(T 0726)。如果采用其他方法，需要进行重复性和复现性试验，并进行空白沥青标定。

我国《公路工程沥青及沥青混合料试验规程》(JTJ 052—2000)中沥青回收方法有阿布森法与旋转蒸发器法。旋转蒸发器法与阿布森法的主要区别是旋转蒸发器法通过旋转在水浴中的烧瓶，并在负压下蒸发烧瓶中的溶剂，该法加热过程比较柔和，回收所需时间更长。离心法抽提—阿布森法回收沥青的试验时间约为4h，离心法抽提—旋转蒸发器法回收沥青时间约为6h，且不易判断溶剂蒸发结束的时间。阿布森法仪器更简单、价格低廉，便于推广应用。

回收溶剂的选择至关重要。通过试验研究发现，三氯乙烯对于道路石油沥青具有更好的溶解性，甲苯或甲苯乙醇混合溶液溶解沥青速度相对较慢，有时不能彻底洗去附着在集料表面的物质。就蒸发速度而言，三氯乙烯最容易蒸发脱除，沥青回收彻底，甲苯或甲苯乙醇混合溶液蒸发速度较慢，易于残留。经过比较，建议采用工业用三氯乙烯作为回收沥青抽提溶剂。

为便于控制阿布森法回收沥青的加热温度、减少变异性，宜选用油浴加热调温装置，回收沥青的溶液浓度以1∶6左右(沥青质量∶溶剂质量)为宜，每次回收的沥青大约为90g。沥青溶液浓度太大，容易造成溶剂残留；浓度太小，增加试验时间，并且容易造成沥青老化。

A.4.5 回收沥青路面材料(RAP)的沥青含量与级配采用燃烧法确定时，回收沥青路面材料(RAP)在试验前应进行干燥处理，将回收沥青路面材料(RAP)加热40min，消除含水率对检测结果的影响。若集料在燃烧过程中由于高温导致破碎，则不宜采用燃烧法。

附录 B 厂拌热再生混合料配合比设计方法

B.1 经设计确定的标准配合比在施工过程中不得随意变更。生产过程中应加强跟踪检测，严格控制进场新材料的质量与回收沥青路面材料（RAP）的管理，如果材料发生变化并经检测发现沥青混合料的矿料级配、马歇尔技术指标不符合要求时，应及时调整配合比，使厂拌热再生混合料的质量符合要求并保持相对稳定。若回收沥青路面材料（RAP）质量或新材料质量变动过大时，须重新进行配合比设计。

B.4.2 1 美国采用沥青胶结料路用性能分级体系评价沥青性质，因此采用 SHRP PG 分级作为选择新沥青等级的指标。NCHRP 报告 452 "SUPERPAVE 混合料设计方法在旧沥青路面再生中应用技术手册（2001 年）"针对混合沥青的低温性能要求及回收沥青掺配比例的差异，提出了沥青混合料新沥青选择指南（表 B-1）。

表 B-1　再生混合料新沥青选择

建议新沥青等级 ＼ RAP 含量(%) 回收沥青等级	PG ××-22 或更低	PG ××-16	PG ××-10 或更高
沥青选择不需要变化	<20	<15	<10
选择新沥青比正常软一个等级(例如,如果正常选择 PG64-28,则新沥青选择 PG58-28)	20～30	15～25	10～15
根据新旧沥青调和曲线确定	>30	>25	>15

B.4.2 2 若确定回收沥青路面材料（RAP）使用比例，可根据以下的调和公式选择新沥青等级：

$$t_{\text{Virgin}} = \frac{t_{\text{Blend}} - (\% \text{RAP} \times t_{\text{RAP}})}{(1 - \% \text{RAP})} \tag{B-1}$$

式中：t_{Virgin}——新沥青胶结料的临界温度；

t_{Blend}——调和沥青（最终希望的）的临界温度；

$\% \text{RAP}$——RAP 使用比例；

t_{RAP}——回收沥青胶结料的临界温度。

若确定新沥青等级，可根据以下的调和公式选择回收沥青路面材料（RAP）使用比例

$$\% \, \mathrm{RAP} = \frac{t_{\mathrm{Blend}} - t_{\mathrm{Virgin}}}{t_{\mathrm{RAP}} - t_{\mathrm{Virgin}}} \tag{B-2}$$

B.8 回收沥青路面材料(RAP)中集料、沥青很难完全分离,不易测定旧集料的表观密度或毛体积密度,因此采用计算法难以得到比较准确的热再生混合料的最大理论密度,宜采用真空法直接测定再生混合料的理论最大相对密度。

附录 C　就地热再生混合料配合比设计方法

C.2　就地热再生混合料中,矿料级配的调节幅度十分有限。

C.4.1　再生沥青标号的设计目标是使其接近新路面上的沥青标号,由于需要考虑拌和和摊铺过程的沥青老化,因此再生沥青的目标标号要比同一地区经常使用的新沥青标号低。

C.4.3　就地热再生时回收沥青路面材料(RAP)的比例很高,为了恢复老化沥青的性能往往不可避免地用到再生剂。再生剂对于恢复沥青指标无疑是积极的,但是对于混合料性能的改善还有很多问题有待研究,再加上目前再生剂产品质量参差不齐,因此建议尽量少用再生剂。

附录 D 乳化沥青(泡沫沥青)冷再生混合料配合比设计方法

D.1.1 目前,全球范围内还没有得到普遍认可的冷再生混合料配合比设计方法。

冷再生混合料的成型方法对各项设计指标的影响显著。我国已有的冷再生工程中有采用马歇尔击实成型试样的,也有采用旋转压实成型的,所得马歇尔稳定度相差一倍甚至更高,而工程实际的压实功更加接近旋转压实的情况。

本规范考虑到旋转压实设备尚不普及,因此沿用了马歇尔击实成型。鼓励采用旋转压实方法进行混合料设计,积累经验。

D.3.1 在乳化沥青、泡沫沥青冷再生混合料中,通常会加入部分水泥。水泥的加入,促使乳液尽快破乳,可有效提高混合料早期强度;水泥还可以改善混合料的高温稳定性。

D.3.3 沥青的发泡特性用膨胀率和半衰期表征,主要受以下因素的影响。

(1)沥青发泡时的温度:一般而言,发泡时沥青的温度愈高,发泡特性会愈好,但温度高表示需要较多的能量将沥青加热。

(2)发泡时加入的水量:一般而言,发泡时加入沥青的水量愈多,则膨胀率会愈大,但是半衰期会愈短。

(3)发泡舱中的压力:沥青抽、送入发泡舱中与水接触后发泡,若发泡舱中的压力较低(例如低于 0.3MPa),则不利于达到满意的膨胀率及半衰期。

(4)沥青或水中有否加有消泡剂:如在炼油厂中为不使沥青在抽送及储存的过程中发泡,可能加入一些硅化合物类的消泡剂,若是如此,则此种沥青的发泡特性可能受到影响,不适合用于泡沫沥青。

D.4.2 泡沫沥青冷再生混合料级配设计时应特别关注 0.075mm 通过率,确保充足的细料含量。

D.5 确定最佳含水率,不同国家、不同机构的方法不尽相同,有的是基于使混合料达到最大的密实度和强度,有的是基于获得最佳的沥青裹覆,还有的则是基于获得最佳的混合料施工和易性。后两种方法带有很强的经验性和主观性,需要设计者有较丰富的工程经验。而基于最大密实度的方法有客观的评价手段,更利于应用。

D.5.1、D.5.2　为了得到最大的干密度,冷再生混合料需要有适宜的流体含量,但是如何定义和确定最适宜的流体含量,目前全球范围内还没有一致认可的方法。有的将乳化沥青、外加水、矿料中水的总和定义为总流体含量,并以此为依据进行混合料设计;有的则将乳化沥青中的水、外加水、矿料中的水定义为总含水率用于混合料设计。两者的差别在于如何看待沥青材料在混合料拌和过程中的作用。

对于泡沫沥青混合料而言,沥青首先与细料结合,其润滑作用有限,用含水率能够比用液体含量更加准确地反映混合料的干湿状态;而对于乳化沥青混合料而言,沥青微粒具有一定的润滑作用,但是不及水的作用明显。大量的试验对比结果表明,在保持总液体含量不变的情况下改变乳化沥青和水的比例,混合料的干湿状态变化显著,而保持总含水率不变的情况下改变乳化沥青和水的比例,混合料的干湿状态变化相对较小。因此,本规范采用含水率而不是液体含量的概念。

D.6.1　不同成型方法得到的混合料技术指标没有可比性。

马歇尔击实法依然是最常用的成型方法。研究表明,乳化沥青冷再生混合料试样在烘箱加热过程中容易出现一定的体积膨胀,采用烘干后再双面各击实25次的方法可以较好地避免其对试验结果的影响,但是该方法不适合泡沫沥青混合料。

旋转压实仪也可用于冷再生混合料试件的成型,一般采用30次旋转压实成型。相同条件下,使用旋转压实得到的冷再生混合料试样的劈裂强度、马歇尔稳定度指标要明显高于马歇尔击实的试样。

D.6.2　由于冷再生混合料的空隙率较大,适合使用蜡封法检测试样的毛体积密度。但是研究表明,分别通过表干法、体积法、蜡封法和CORELOK法测定冷再生混合料试件的毛体积密度,检测结果差异并不大,这主要是由于冷再生混合料尽管空隙率较高,但是空隙分布状态与热拌沥青混合料不同,体积小、数量多。

D.6.4　冷再生混合料的设计,目前全球范围内还没有统一的得到普遍认可的设计方法。此处列举几种比较有代表性的设计方法。

(1)AASHTO修正的马歇尔法:通过双面各击实50次马歇尔试样的毛体积密度、最大密度、60℃的稳定度和流值确定最佳乳化沥青含量。保持最佳乳化沥青含量不变,改变总水量(total water content)为2.0%、2.5%、3.5%、4.0%等制作试样,要求得到的空隙率在9%~14%之间。

(2)ARRA设计方法:包括马歇尔法、维姆法、俄勒冈估计法等三种冷再生混合料设计方法。

(3)美国加利福尼亚州方法:以维姆稳定度达到30(车道)或者25(路肩)且空隙率不小于4%,同时又没有明显泛油时的最大沥青用量设计最佳沥青用量。

(4)美国沥青协会(AI)方法:提出通过经验公式确定所需的新沥青用量。

(5)美国宾夕法尼亚州方法:首先保持沥青用量不变,改变不同的含水率进行裹覆试验,确定最佳含水率。然后在最佳含水率的情况下通过回弹模量的测定确定最佳沥青用量。

（6）俄勒冈州设计法:采用经验公式计算最佳沥青用量。

归纳起来,冷再生混合料的设计分为经验公式法和试验测试法两大类。试验测试法中,通常又有两种方法确定最佳沥青用量,一种是根据再生混合料试件的最大相对密度来确定最佳沥青用量(密度法);另一种则将对应于规定空隙率范围内试件最佳强度性能的沥青用量作为最佳沥青用量(强度法)。其中,后一种设计方法应用较多,本规范也采用强度法进行最佳乳化沥青(泡沫沥青)用量的选择。

公路工程现行标准、规范、规程、指南一览表

（2016 年 9 月版）

序号	类别	编　号	书名（书号）	定价(元)
1	基础	JTG A02—2013	公路工程行业标准制修订管理导则(10544)	15.00
2		JTG A04—2013	公路工程标准编写导则(10538)	20.00
3		JTJ 002—87	公路工程名词术语(0346)	22.00
4		JTJ 003—86	公路自然区划标准(0348)	16.00
5		JTG B01—2014	★公路工程技术标准(活页夹版,11814)	98.00
6		JTG B01—2014	★公路工程技术标准(平装版,11829)	68.00
7		JTG B02—2013	公路工程抗震规范(11120)	45.00
8		JTG/T B02-01—2008	公路桥梁抗震设计细则(1228)	35.00
9		JTG B03—2006	公路建设项目环境影响评价规范(0927)	26.00
10		JTG B04—2010	公路环境保护设计规范(08473)	28.00
11		JTG B05—2015	公路项目安全性评价规范(12806)	45.00
12		JTG B05-01—2013	公路护栏安全性能评价标准(10992)	30.00
13		JTG B06—2007	公路工程基本建设项目概算预算编制办法(06903)	26.00
14		JTG/T B06-01—2007	★公路工程概算定额(06901)	110.00
15		JTG/T B06-02—2007	★公路工程预算定额(06902)	138.00
16		JTG/T B06-03—2007	★公路工程机械台班费用定额(06900)	24.00
17		交通部定额站 2009 版	公路工程施工定额(07864)	78.00
18		JTG/T B07-01—2006	公路工程混凝土结构防腐蚀技术规范(0973)	16.00
19		交通部 2007 年第 30 号	国家高速公路网相关标志更换工作实施技术指南(1124)	58.00
20		交通部 2007 年第 35 号	收费公路联网收费技术要求(1126)	62.00
21		交通运输部 2015 年第 40 号	★收费公路联网收费多义性路径识别技术要求(12484)	40.00
22		JTG B10-01—2014	公路电子不停车收费联网运营和服务规范(11566)	30.00
23		交通运输部 2011 年	公路工程项目建设用地指标(09402)	36.00
24	勘测	JTG C10—2007	★公路勘测规范(06570)	28.00
25		JTG/T C10—2007	★公路勘测细则(06572)	42.00
26		JTG C20—2011	公路工程地质勘察规范(09507)	65.00
27		JTG/T C21-01—2005	公路工程地质遥感勘察规范(0839)	17.00
28		JTG/T C21-02—2014	公路工程卫星图像测绘技术规程(11540)	25.00
29		JTG/T C22—2009	公路工程物探规程(1311)	28.00
30		JTG C30—2015	★公路工程水文勘测设计规范(12063)	70.00
31	设计	公路	JTG D20—2006	★公路路线设计规范(0996)	38.00
32			JTG/T D21—2014	公路立体交叉设计细则(11761)	60.00
33			JTG D30—2015	★公路路基设计规范(12147)	98.00
34			JTG/T D31—2008	沙漠地区公路设计与施工指南(1206)	32.00
35			JTG/T D31-02—2013	★公路软土地基路堤设计与施工技术细则(10449)	40.00
36			JTG/T D31-03—2011	★采空区公路设计与施工技术细则(09181)	40.00
37			JTG/T D31-04—2012	多年冻土地区公路设计与施工技术细则(10260)	40.00
38			JTG/T D32—2012	★公路土工合成材料应用技术规范(09908)	42.00
39			JTG D40—2011	★公路水泥混凝土路面设计规范(09463)	40.00
40			JTG D50—2006	★公路沥青路面设计规范(06248)	36.00
41			JTG/T D33—2012	公路排水设计规范(10337)	40.00
42		桥隧	JTG D60—2015	★公路桥涵设计通用规范(12506)	40.00
43			JTG/T D60-01—2004	公路桥梁抗风设计规范(0814)	28.00
44			JTG D61—2005	公路圬工桥涵设计规范(0887)	19.00
45			JTG D62—2004	公路钢筋混凝土及预应力混凝土桥涵设计规范(05052)	48.00
46			JTG D63—2007	公路桥涵地基与基础设计规范(06892)	48.00
47			JTG D64—2015	★公路钢结构桥梁设计规范(12507)	80.00
48			JTG D64-01—2015	公路钢混组合桥梁设计与施工规范(12682)	45.00
49			JTG/T D65-01—2007	公路斜拉桥设计细则(1125)	28.00
50			JTG/T D65-04—2007	公路涵洞设计细则(06628)	26.00
51			JTG/T D65-05—2015	公路悬索桥设计规范(12674)	55.00
52			JTG/T D65-06—2015	公路钢管混凝土拱桥设计规范(12514)	40.00
53			JTG D70—2004	公路隧道设计规范(05180)	50.00
54			JTG/T D70—2010	★公路隧道设计细则(08478)	66.00
55			JTG D70/2—2014	公路隧道设计规范　第二册　交通工程与附属设施(11543)	50.00
56			JTG/T D70/2-01—2014	公路隧道照明设计细则(11541)	35.00
57			JTG/T D70/2-02—2014	公路隧道通风设计细则(11546)	70.00

序号	类别		编 号	书名(书号)	定价(元)
58	设计	交通工程	JTG D80—2006	高速公路交通工程及沿线设施设计通用规范(0998)	25.00
59			JTG D81—2006	★公路交通安全设施设计规范(0977)	25.00
60			JTG/T D81—2006	★公路交通安全设施设计细则(0997)	35.00
61			JTG D82—2009	公路交通标志和标线设置规范(07947)	116.00
62		综合	交公路发〔2007〕358号	公路工程基本建设项目设计文件编制办法(06746)	26.00
63			交公路发〔2007〕358号	公路工程基本建设项目设计文件图表示例(06770)	600.00
64			交公路发〔2015〕69号	公路工程特殊结构桥梁项目设计文件编制办法(12455)	30.00
65	检测		JTG E20—2011	公路工程沥青及沥青混合料试验规程(09468)	106.00
66			JTG E30—2005	公路工程水泥及水泥混凝土试验规程(0830)	32.00
67			JTG E40—2007	★公路土工试验规程(06794)	79.00
68			JTG E41—2005	公路工程岩石试验规程(0828)	18.00
69			JTG E42—2005	公路工程集料试验规程(0829)	30.00
70			JTG E50—2006	★公路工程土工合成材料试验规程(0982)	28.00
71			JTG E51—2009	公路工程无机结合料稳定材料试验规程(08046)	48.00
72			JTG E60—2008	公路路基路面现场测试规程(07296)	38.00
73			JTG/T E61—2014	公路路面技术状况自动化检测规程(11830)	25.00
74	施工	公路	JTG F10—2006	公路路基施工技术规范(06221)	40.00
75			JTG/T F20—2015	★公路路面基层施工技术细则(12367)	45.00
76			JTG/T F30—2014	公路水泥混凝土路面施工技术细则(11244)	60.00
77			JTG/T F31—2014	公路水泥混凝土路面再生利用技术细则(11360)	30.00
78			JTG F40—2004	★公路沥青路面施工技术规范(05328)	38.00
79			JTG F41—2008	公路沥青路面再生技术规范(07105)	25.00
80		桥隧	JTG/T F50—2011	★公路桥涵施工技术规范(09224)	110.00
81			JTG/T F81-01—2004	公路工程基桩动测技术规程(0783)	20.00
82			JTG F60—2009	公路隧道施工技术规范(07992)	42.00
83			JTG/T F60—2009	公路隧道施工技术细则(07991)	58.00
84		交通	JTG F71—2006	★公路交通安全设施施工技术规范(0976)	20.00
85			JTG/T F72—2011	公路隧道交通工程与附属设施施工技术规范(09509)	35.00
86	质检安全		JTG F80/1—2004	公路工程质量检验评定标准 第一册 土建工程(05327)	46.00
87			JTG F80/2—2004	公路工程质量检验评定标准 第二册 机电工程(05325)	26.00
88			JTG G10—2016	公路工程施工监理规范(13275)	40.00
89			JTG F90—2015	★公路工程施工安全技术规范(12138)	68.00
90	养护管理		JTG H10—2009	公路养护技术规范(08071)	49.00
91			JTJ 073.1—2001	公路水泥混凝土路面养护技术规范(0520)	12.00
92			JTJ 073.2—2001	公路沥青路面养护技术规范(0551)	13.00
93			JTG H11—2004	公路桥涵养护规范(05025)	30.00
94			JTG H12—2015	公路隧道养护技术规范(12062)	60.00
95			JTG H20—2007	公路技术状况评定标准(1140)	15.00
96			JTG/T H21—2011	★公路桥梁技术状况评定标准(09324)	46.00
97			JTG H30—2015	公路养护安全作业规程(12234)	90.00
98			JTG H40—2002	公路养护工程预算编制导则(0641)	9.00
99	加固设计与施工		JTG/T J21—2011	公路桥梁承载能力检测评定规程(09480)	20.00
100			JTG/T J21-01—2015	公路桥梁荷载试验规程(12751)	40.00
101			JTG/T J22—2008	公路桥梁加固设计规范(07380)	52.00
102			JTG/T J23—2008	公路桥梁加固施工技术规范(07378)	30.00
103	改扩建		JTG/T L11—2014	高速公路改扩建设计细则(11998)	45.00
104			JTG/T L80—2014	高速公路改扩建交通工程及沿线设施设计细则(11999)	30.00
105	造价		JTG M20—2011	公路工程基本建设项目投资估算编制办法(09557)	30.00
106			JTG/T M21—2011	公路工程估算指标(09531)	110.00
1	技术指南		交公便字〔2006〕02号	公路工程水泥混凝土外加剂与掺合料应用技术指南(0925)	50.00
2			厅公路字〔2006〕418号	公路安全保障工程实施技术指南(1034)	40.00
3			交公便字〔2009〕145号	公路交通标志和标线设置手册(07990)	165.00

注:JTG——公路工程行业标准体系;JTG/T——公路工程行业推荐性标准体系;JTJ——仍在执行的公路工程原行业标准体系。

批发业务电话:010-59757973;零售业务电话:010-85285659(北京);网上书店电话:010-59757908;业务咨询电话:010-85285922。带"★"的表示有勘误,详见中国交通运输标准服务平台 www.yuetong.cn/bzfw。